我们爱科学

精品书系

奇幻雨林

雨林魅影

YULIN MEIYING

叶军／著

中国少年儿童新闻出版总社

中国少年儿童出版社

北　京

图书在版编目（CIP）数据

雨林魅影 / 叶军著 . -- 北京：中国少年儿童出版
社，2018.6
　　（《我们爱科学》精品书系·奇幻雨林）
　　ISBN 978-7-5148-4731-4

　　Ⅰ．①雨… Ⅱ．①叶… Ⅲ．①热带雨林 - 少儿读物
Ⅳ．① P941.1-49

中国版本图书馆 CIP 数据核字（2018）第 100713 号

YULIN MEIYING
《我们爱科学》精品书系·奇幻雨林）

出版发行：中国少年儿童新闻出版总社
　　　　　　中国少年儿童出版社

出 版 人：李学谦
执行出版人：赵恒峰

策划、主编：毛红强	著：叶 军
责 任 编 辑：王 澍	封面设计：缪 惟
插　　　图：图德艺术	版式设计：黄 超
责 任 印 务：厉 静	

社　　　址：北京市朝阳区建国门外大街丙 12 号	邮政编码：100022
总 编 室：010-57526070	传　　真：010-57526075
编 辑 部：010-57350016/57350164	发 行 部：010-57526608
网　　　址：www.ccppg.cn	
电子邮箱：zbs@ccppg.com.cn	

印刷：北京盛通印刷股份有限公司

开本：720mm×1000mm　　1/16	印张：9
2018 年 6 月第 1 版	2018 年 6 月北京第 1 次印刷
字数：200 千字	印数：30000 册
ISBN 978-7-5148-4731-4	定价：30.00 元

图书若有印装问题，请随时向印务部（010-57526718）退换。

作者的话

　　小朋友，你的梦想是什么？我小时候的梦想是成为一名动物学家，到雨林里观察动物。可惜，这个梦想到现在都没有实现。

　　我小时候还很喜欢看少儿科普读物，长大了依然喜欢。结果现在你猜怎么着？嘿嘿，我成了一名少儿科普作者。对我来说，创作出好玩、有趣、吸引小朋友的科普作品，是一件十分开心的事。如果小朋友们能通过这套"奇幻雨林"丛书，了解到一些雨林的知识，从而喜欢上雨林，为保护雨林做些力所能及的事，那我就更加开心了。

　　非常感谢《我们爱科学》编辑部给我这次创作机会，编辑们给了我极大的信任和创作空间，使我完成了整套书的创作。创作的过程虽然紧张、辛苦，却也有乐趣。为了创作这套书，我搜集和翻阅了大量有关雨林的书籍和资料。在创作的那段日子里，我几乎整天沉浸在雨林的世界里，一会儿和动物对话，一会儿又化身为雨林里的某种植物，那种感觉真的很奇妙！

　　小朋友们也许不知道，雨林与我们人类的生活和生存密不可分，雨林能产生大量氧气，净化地球空气。雨林被称为"世界最大的药厂"，因为大量天然药物或药物的原材料都可以在那里找到。雨林虽然只覆盖着地球6%的土地，却容纳了地球一半以上的动物和植物品种。

　　翻开"奇幻雨林"丛书，你将会看到雨林里发生的各种奇妙事情：绿天棚城区的阳光浴场里为什么会出现"恐龙"？什么动植物喜欢上夜班？雨林里的聪明植物为了生存，都有哪些妙招？雨林里都有哪些本领高强的酷虫？雨季雨林中的枯叶妖怪是怎么回事？我们吃的巧克力和住在雨林里的可可树有什么关系？……

　　现在，你已经迫不及待地想去寻找这些答案了吧？那就赶快往下翻，和小豆丁一起倾听雨林的故事吧！

你的大朋友：叶军

2018年5月

目录

雨林魅影

第九天，小豆丁早早就来到了书房。

"我就知道你会早来。今天我要给你讲几个发生在舞林镇上的故事。"故事书已经站在书桌上等着小豆丁了。

"武林镇？住在镇子里的都是武打高手吗？"

"哈哈，我说的这个'舞林镇'，是'舞蹈'的'舞'，不是'武功'的'武'。住在这个镇子里的都是来自世界不同雨林的舞林高手。"故事书知道小豆丁听错了，忙解释道。

"舞林高手的故事肯定也很有意思。你快讲吧！"

"好，那我就开始讲了。"说着，故事书翻到书中的一页，讲了起来。

舞精灵与音乐家

　　黑猩猩导演想拍一部电影——《舞林传奇》，为了选演员和外景地，它来到了舞林镇，还聘请小鹛当助手。

　　听到黑猩猩导演要选演员的消息后，极乐鸟舞蹈学校明星班的同学们忙碌起来。

　　极乐鸟舞蹈学校是雨林中最有名的舞蹈学校，来这里学习的都是极乐鸟帅哥。它们进入学校的第一天，就记住了校长的一番话："我们是世界上最漂亮的鸟，没有什么鸟像我们这样热爱舞蹈，把跳舞当成毕生的事业。我们就是为跳舞而生的，至于筑巢、孵卵、养育后代这些事，统统交给雌极乐鸟好了。我们雄极乐鸟只要把自己打扮得漂漂亮亮的，把舞跳好，就是对家族最大的贡献。"

　　为了能被黑猩猩导演选上，明星班的同学们加紧练习。这天，天刚蒙蒙亮，它们就开始排练了。

　　美丽的大极乐鸟打头阵。它们跳上枝头，展开双翅，时而跃起，时而落下。棕色的翅膀后面那竖起的

柔美的羽毛，轻轻地颤
动着，如一朵朵云在枝头跳动，
又如一朵朵花儿怒放。这充满活
力的集体舞《鲜花盛开》引来了众
多观众，其中大多是衣着朴素的极乐鸟妹
妹，还有一些是前来偷偷学艺的少年班的毛头小伙子。

　　大极乐鸟们刚刚退下，红极乐鸟帅哥们便上场了。它
们不甘示弱，纷纷跃上枝头，展开火红色的翅膀和尾部金
属丝一样的羽毛，倒挂在树枝上，开始表演热情奔放的《极
乐之美》。

　　接下来，班里的花样美男蓝极乐鸟
登场了。它一身亮丽的蓝裙，时而竖起
身体两侧的金黄色绒毛，时而倒悬在树
枝上，抖开全身锦缎般艳丽的羽毛，跳
起优雅的扇子舞。

最后出场的是明星班的全能舞王——王极乐鸟。

它的个头儿比别的极乐鸟小很多。它黄色的小嘴，乌溜溜的眼睛，眼睛上方向上斜挑着的黑色小丑眉，看起来很有趣。它的胸部和腹部是雪白的，翅膀是红色的，腿是蓝色的。两根长长的大翎（líng）羽从尾部伸出来，末端点缀着绿色的像硬币似的小圆盘。

跳上枝头的王极乐鸟先是展开双翅摇晃着身体，表演了一段《我爱走平衡木》。然后，它收起翅膀，展开胸羽，它的胸部羽毛展开后就像一对小翅膀。与此同时，它的尾羽像孔雀开屏那样竖起来。这是它模仿孔雀创作的《我是小孔雀》。接下来，它又跳起了《晃晃舞》——身体左摇右摆晃个不停，胸部的绒羽抖个不停，竖起的尾羽拍打个不停，尾部那两根翎羽也跟着不停地摇摆起来。

　　王极乐鸟正表演在兴头上，忽然，场外传来一阵不合节拍的拍打声。王极乐鸟扭头一看，原来是少年班的两个毛头小伙子在学它跳舞呢。它气恼地瞪了那两个家伙一眼。

　　"去去去，快回你们班里去，别在这里影响我们排练！"明星班的极乐鸟们赶走了那两个家伙。

　　如果你以为王极乐鸟的表演到此就结束了，那可就大错特错了，它最拿手的还没表演呢。就在身体晃个不停的时候，它突然一头向下栽去，在大家的惊呼声中，它双脚牢牢地抓住树枝，玩起了倒挂秋千。来回荡了几下之后，王极乐鸟猛地收起翅膀，收缩身体，整个身体转眼间变成了一个细细的钟摆，不停地摆起来。大家正看得出神，王极乐鸟的钟摆舞猛地停了下来。它重新站在树枝上，结束了整个表演。

　　真是太精彩了！明星班的表演赢得了鸟妹妹们热烈的掌声。

　　可是，班长维多利亚裙风鸟在观看排练时发现了一个问题："我们这么好的舞蹈，没有好的音乐伴奏怎么行呢？"

"这好办，去找琴鸟先生帮忙啊。听说它有一个超级棒的竖琴，还开了一个音乐工作室。我去请它！"会跳芭蕾的劳氏六线风鸟小六，自告奋勇去请琴鸟先生。

小六找到琴鸟先生时，它正独自在一个小土丘上清理垃圾。

琴鸟先生的羽毛并不十分鲜艳，身后拖着长长的尾羽。

"琴鸟先生，您好。"小六有礼貌地和琴鸟先生打招呼。

"你好，找我有什么事吗？"

"我们在排练舞蹈，想借您的竖琴用一用，可以吗？"听说琴鸟先生的脾气不太好，小六不敢直接说请它去给大家伴奏。

"借？哈哈，开什么玩笑，我的琴从来不外借！"琴鸟先生好像生气了。

"那您的琴能让我看一下吗？"小六以前只听说过琴鸟先生的竖琴，并没有见过。

"等我把这些土丘清理干净，再给你看。"琴鸟先生的语气还是不太友好。

"这些土丘都是您的？"小六看了看周围的 10 多个土丘。

"当然了，这些土丘都是我的地盘，是我跳舞、创作音乐的地方。"

为了和琴鸟先生套近乎，小六帮着琴鸟先生打扫起土丘来。它学着琴鸟先生的样子，将土丘上的枯枝落叶清理掉。

"这下可以让我看看您的竖琴了吧？"把土丘清理干净后，小六才小心翼翼地问琴鸟先生。

"那好吧！"说完，琴鸟先生似乎不太情愿地向一个土丘走去。

难道琴鸟先生的竖琴放在土丘的某个地方？不，琴鸟先生并没有去拿竖琴，而是缓步登上土丘顶部，摆好姿势，将它的尾羽逐渐张开并向上竖起。转眼间，一个

尾羽构成的竖琴就出现在了小六眼前。最外侧的两根尾羽，是竖琴的U形臂，中间几根细长的尾羽，就是竖琴的琴弦。

原来，琴鸟先生的宝贝竖琴就在它的身上啊！

"这个竖琴可真别致！"小六不由得赞叹道，"琴鸟先生，能让我欣赏一下您用它弹奏出的乐曲吗？"

"弹奏？开什么玩笑！这就是一个像竖琴的装饰而已。装饰懂不懂？就是用来看的，怎么能真的弹奏呢？"琴鸟先生看小六的眼神就像在看外星人。

"我是听说您有一个竖琴，还听说您是一位音乐家，会演奏许多曲子，才特地来找您的。"小六有些失望。

"我有竖琴不假，但不是用来弹的。

有人说我是音乐家也没错，我的确会演奏、演唱许多曲子，但不是用这个竖琴来演奏哦。"

"不是用这个竖琴？那您用什么演奏？"小六上上下下打量琴鸟先生一番，又看看四周，实在想不出它还有什么乐器。

"嘟——"琴鸟先生得意地吹了一声口哨，"就是用这个。我最得意的就是这项才艺了。"说完，琴鸟先生整了整羽衣，开始表演起来。

小六先听到动听的小提琴旋律，接着听到空灵的风笛声，然后又听到了节奏感很强的吉他声。这些声音竟然都是从琴鸟先生的嘴里发出来的。

"我的才艺表演怎么样？我的嘴就是个音乐库，想听什么，我都可以免费提供。除此之外，我还可以模仿很多声音，比如周围邻居发出的各种声音。"在小六惊讶的目光中，琴鸟先生开始了它的模仿秀。

它先学了一段考拉富有磁性的低沉的男中音，又学了几声野狗令人恐惧的号叫声，随后又学起笑翠鸟的大笑声："哈哈哈，哈哈哈……"它的模仿竟然引来了一些不明真相的笑翠鸟。

最后，琴鸟先生唱起了自己编曲、自己填词的《琴鸟之歌》。唱到动情处，它将尾羽竖起并展开，向前倾斜，纤细的尾羽形成了一层纱帘。随后，它开始抖动自己的羽纱竖琴，边抖边唱："我有一个美妙的竖琴，我天天把它带在身上；我是一个爱模仿的音乐家……"唱歌时，它的一只脚还一抬一落，好像在打拍子。唱完之后，琴鸟先生慢慢将尾羽合拢，收在身后。

"真是太精彩了！"琴鸟先生在演唱过程中模仿了很多声音，而且都模仿得惟妙惟肖，小六简直不敢相信自己的耳朵。

"您不仅长得美，舞姿优雅，还能模仿各种声音，真是太了不起了！您能去我们学校，给我们明星班的舞蹈表演伴奏吗？"

"你这么诚心诚意地邀请我，我怎么好拒绝呢？走吧，我们这就去你们明星班。"琴鸟先生爽快地答应了，小六真开心。

明星班请来了琴鸟先生，它们盼着黑猩猩导演快点儿来学校。可是，黑猩猩导演来到舞林镇后，并没有先到舞蹈学校来选演员，而是先去拜访了两位大师。

知识板块

动物界的口技大师

说起动物界的口技大师，很多人都会想到八哥或鹦鹉。其实，比八哥、鹦鹉口技更棒的是琴鸟。雄琴鸟因求偶时炫耀的姿态和善于模仿各种声音而闻名。当它们炫耀时，竖起的尾羽非常像竖琴，因此得名琴鸟、琴尾鸟。

琴鸟主要分布于澳大利亚和新西兰。它们喜欢生活在热带雨林、阴暗潮湿的桉树林和长有蕨类植物的沟壑（hè）中，以昆虫、草籽为主要食物。

鸟类的发声器官是鸣管，在所有鸣禽中，琴鸟的鸣管是最复杂的，这使它们拥有了无与伦比的演唱和模仿能力。

琴鸟不仅能模仿人说话，还能模仿其他鸟类的鸣叫声，甚至能模仿电锯声、警笛声、照相机的快门声等。

住在雨林里的 "凤凰"

黑猩猩导演去拜访的两位大师，一位是住在雨林里的 "凤凰" ——大眼斑雉先生，另一位是渡渡鸟的亲戚——皇冠鸽先生。它们俩都是古典舞大师，当年凭借各自拿手的《百眼朝凤》和《维氏作揖舞》，双双获得古典舞大赛最高奖，被称为 "舞坛双凤"。

为什么叫 "双凤" 呢？这是因为它们另外的名字中都有个 "凤" 字。大眼斑雉的外形很像传说中的凤凰，所以它就给自己取了 "凤凰" 这个艺名；皇冠鸽的本名叫维多利亚凤冠鸠。

"获奖之后没多久，凤凰先生便隐居在林间，听说它依然在苦练跳舞；而皇冠鸽先生娶了太太之后，就退出了舞蹈界。" 小鹦一边把打听到的情况告诉给黑猩猩导演，一边带着黑猩猩导演往雨林深处走去。

"前面就是凤凰先生的家，它应该就在家的附近。" 小鹦指着前方一棵大树，"瞧，它在那里呢。"

"在哪儿？"

　　"你看，就在前面，板根旁边。"

　　黑猩猩导演顺着小鹈指的方向看去，仔细看了好一会儿，才发现远处的板根旁边站着一只大鸟。这只大鸟十分警觉，它听到黑猩猩导演和小鹈的说话声，赶紧躲到板根旁边，一动也不动。大鸟的头部躲在板根后面，身上的斑纹使它与周围环境融为一体，身体侧边的深色羽毛像极了板根的阴影部分。所以黑猩猩导演没能一下子发现它。

　　"凤凰先生，是我，我是小鹈。"

　　听出是小鹈的声音，大鸟才从藏身处走了出来。它虽然个头儿不小，动作却很轻盈，走起路来一点儿声音也没有。

　　直到这时，黑猩猩导演才看清楚凤凰先生的长相。它从头到尾长约2米，头部和脖子前部是蓝色的，胸部是红褐色的，翅膀是褐色的，尾部长有很多灰白色的斑点。

　　听说黑猩猩导演想看自己跳舞，凤凰先生便将它和小鹈带到一块空地上："这就是我的舞池，每天我都在这里练舞。"

这块空地平坦又干净，看得出，凤凰先生经常清理自己的舞池。

"能给我们跳一遍你当年获奖的《百眼朝凤》吗？"黑猩猩导演以前只看过集体舞《千手观音》，从没看过凤凰先生的《百眼朝凤》。它一直想不明白，一只鸟怎么表现百眼朝凤呢？

"没问题。"凤凰先生二话不说，就表演起来。

它先仰起头来面对天空，嗷嗷鸣叫几声。然后将头一低，双翅向上一竖，唰的一下，数百只铜镜一样、闪闪发亮的"眼睛"就出现在小鹉和黑猩猩导演的面前。它俩吓了一跳。等它们回过神来仔细观看，才发现那些"眼睛"其实都是凤凰先生飞羽上的圆形眼斑。而此时的凤凰先生，双腿有节奏地一弯一跳，跳起了欢快的舞步，拖在身后的长尾巴也随着舞步有节奏地上下摆动着。

可是，黑猩猩导演说要请凤凰先生拍电影时，凤凰先生却把头摇得像拨浪鼓："不去不去！拍电影有啥意思，我只想在林子里好好跳舞。"

讲到这里，故事书突然停了下来，它问小豆丁："你看过电影《里约大冒险》吗？还记得电影一开始出现的那个角色是谁吗？"

小豆丁想了想，回答说："嗯，看过，好像是一只小鸟。"

"嗯，是一只线尾娇鹟。听说黑猩猩导演要拍电影，它也来应聘了。"

超炫迪斯科和枝头小提琴手

　　自从电影《里约大冒险》上映之后，线尾娇鹟就觉得自己成大明星了。它在家门口立了一个牌子，上面写着"我是第一个出场的大明星"。不过，"第一个出场的"几个字写得很小，小得几乎看不见了，"我是大明星"五个字倒是写得非常醒目。

　　听说镇上来了一位大导演要挑选演员，线尾娇鹟急匆匆地去找好朋友梅花翅娇鹟。

　　"小梅花，快别练琴了。有个大导演要招演员，我们快去报名吧！"线尾娇鹟循着美妙的小提琴声，找到了正在练琴的小梅花。

　　"我能行吗？"小梅花怯怯地问。

　　"不去试试怎么知道呢？反正去试一下又不会损失什么。"线尾娇鹟硬拉着小梅花来到了报名处。巧得很，黑猩猩导演刚从凤凰先生那里回来，正坐在桌子后面休息呢。

　　"你会表演什么？"黑猩猩导演问线尾娇鹟。

　　"我会跳一种新式舞蹈，是我独创的。"线尾娇鹟自豪地说。

　　平时的线尾娇鹟，是红头、黄腹、黑斗篷，外加细长的尾巴，还算文雅。可它准备跳舞时，背部的羽毛就会一下子呈爆炸状，就像触电了一般，马上变成了嬉哈搞笑风格。

还没等黑猩猩导演反应过来，线尾娇鹟的表演就开始了。它忽地飞入空中，又忽地落到枝头，就像一个旋转的小风火轮，把黑猩猩导演吓了一跳。随后，它又变成了一颗弹力十足的小弹珠，在树枝上快速地左右移动起来。它移动的速度非常快，根本看不清它的脚到底是怎么移动的，只看到一个小彩球在眼前来回快速摆动。

黑猩猩导演正看得出神，线尾娇鹟又换了另一种跳法，改成原地快速左右转身。它的双脚快速移动，细细的尾巴不停地左右摆动。跳着跳着，线尾娇鹟就跳到了黑猩猩导演面前的桌子上。为了看得更清楚一些，黑猩猩导演不由自主地趴到桌子上。这样一来，当线尾娇鹟来回转身时，它的细尾巴正好扫到黑猩猩导演的下巴，弄得黑猩猩导演直痒痒，忍不住哈哈大笑起来。

"哈哈哈，这叫什么舞？"线尾娇鹟都跳完了，黑猩猩导演还在大笑呢。

"这叫……嗯……"线尾娇鹟想了想说，"小梅花说这像触电的QQ糖舞，我觉得应该叫超炫迪斯科更酷一些。"

"是够炫的，我的眼睛都快被你炫花了。不错，

又萌又炫的枝头迪斯科，你被录取了！"

线尾娇鹟高兴得跳了起来。趁着黑猩猩导演高兴，线尾娇鹟将小梅花推到它面前："黑猩猩导演，它叫小梅花，也有绝技，比我还牛呢。"

黑猩猩导演上下打量了一番小梅花。这只小鸟和线尾娇鹟有点儿像，但它没有线尾娇鹟那样的长尾羽，而且，它的腹部不是黄色的，而是棕色的，头顶有一点儿红，黑色的翅膀上有些白斑。总的说来，它不如线尾娇鹟漂亮。

"你有什么绝技？"

"我，我会……"

没等小梅花说完，线尾娇鹟就抢着说道："它会演奏小提琴！"

"是和琴鸟先生一样，用嘴巴模仿小提琴的声音吗？"黑猩猩导演问。

"不是，我是用翅膀来演奏的。"小梅花小声说。

"用翅膀演奏？"

"对啊，就是用翅膀……哎呀，没法说清楚，反正您看看就知道了，保准精彩。快点儿快点儿，快表演给导演看。"线尾娇鹟不由分说，把小梅花推到了舞台上。

羞涩的小梅花开始表演了。它将头努力地向上抬起，双翅垂直竖起，"吱——"一阵轻柔的小提琴旋律响了起来，声音清晰而优雅，美妙极了。

黑猩猩导演惊讶得瞪大了眼睛："你真是用翅膀演奏的吗？"

"是啊。妈妈说我们的翅膀有特异功能。"小梅花害羞地点点头。

"原来你就是传说中会用翅膀拉小提琴的舞林高手啊。我一直以为那只是传说，没想到是真的，我终于找到你了！"黑猩猩导演激动地搓着手，在原地转了好几圈。

小梅花表演的时候，小蜂鸟正急匆匆地赶来报名。

知识板块

小巧玲珑的娇鹟

娇鹟也叫侏儒鸟，是小型森林鸟，主要分布于美洲热带地区。它们的喙短，翅短圆，腿短。它们的羽毛色彩鲜艳，尾羽形态多样。主要以果实和昆虫为食。

雄性线尾娇鹟在求偶期会表演一种复杂的舞蹈，来吸引雌鸟的注意。

雄性梅花翅娇鹟是目前发现的唯一一种会用翅膀演奏音乐的鸟。它的翅膀每秒可以振动 100 次，使羽毛互相摩擦，并使羽毛空心轴中的空气发生共振，从而发出声音。

会飞行特技的小蜂鸟

　　小蜂鸟是一只古巴吸蜜蜂鸟。它有绸缎一般的羽毛，有又细又长的嘴巴，还有短圆的翅膀。由于它实在太小了，第一次见到它的人，常常会把它当成大飞蛾。到舞蹈学校报名时，校长先生举着放大镜，把小蜂鸟仔仔细细地看了一个遍，还用镊子拽了拽小蜂鸟身上的羽毛，确认它不是穿着羽毛外衣的飞蛾以后，才把它的名字写在花名册上。

　　小蜂鸟嗖的一下飞过来，又嗖的一下飞过去；一会儿垂直升高，一会儿急速俯冲；一会儿往前冲刺，一会儿又来个急刹车，稳稳地悬停在半空中；紧接着竟然倒着飞起来，那情形既像一颗会飞的蓝宝石，又像一颗华丽的流星。

　　小蜂鸟又练习一遍特技飞行，才赶往报名地点。

　　这时，突然传来一声大叫："小蜂鸟！"它回头一看，一只和自己长相差不多的小鸟追了上来。原来，是小蜂鸟的好朋友阿桑。它是一只灿烂太阳鸟，和小蜂鸟一样，也长着有金属光泽的羽毛，又细又长的嘴巴，也喜欢吃花蜜，但是它比小蜂鸟大多了，有麻雀那么大。

"你这么高兴，是要去哪儿啊？"阿桑好奇地问。

"你没听说吗？黑猩猩导演在我们镇上挑选演员呢，我要去报名。"小蜂鸟边飞边回答。

"凭你高超的空中悬停和倒飞技术，肯定能被选上。"阿桑十分看好自己的朋友。

"嘿嘿，我觉得也是。不过，我得先补充一些能量，吃饱了再赶路。我们蜂鸟的这种飞行方式，体能消耗太大，一会儿不吃就会饿。"小蜂鸟说完，就飞到一朵花前吸起蜜来。阿桑也停下来，站在树枝上喝起了花蜜。

它俩喝得正香，忽然，一只乌鸦向它们冲来。

"小家伙们，这是我的地盘，赶快离开！"

"乌鸦先生，我们饿了，喝一点儿花蜜就走。"阿桑客气地说。

"不行！这里的一花一草都是我的，你们都不许吃！快走！"

"真霸道！"小蜂鸟嘟囔了一句。

"你说什么？"乌鸦气势汹汹地朝小蜂鸟冲过来。

小蜂鸟灵巧地躲过它的冲撞，然后忽上忽下，忽左忽右，忽前忽后，和乌鸦兜起了圈子。乌鸦累得气喘吁吁。阿桑在旁边为小蜂鸟加油叫好。

　　乌鸦看追不上小蜂鸟，就转过头来向阿桑冲去。阿桑正在为好朋友加油呢，兴奋得手舞足蹈，没想到乌鸦竟朝自己冲过来。它吓呆了，停在那里忘了躲避。

　　眼看乌鸦就要冲到阿桑跟前了。忽然传来吱的一声刺耳的尖叫，只见小蜂鸟朝乌鸦的屁股飞了过来。它的速度实在太快了，乌鸦还没有反应过来，屁股就已经被狠狠地扎了一下。

　　小蜂鸟用尖细的嘴巴扎完乌鸦，嗖地飞走了。等乌鸦反应过来，小蜂鸟早已没了踪影。乌鸦又气又恼，呱呱大叫着。这时，小蜂鸟不知从什么地方又飞了过来，闪电般地朝乌鸦刺去。

　　就这样，小蜂鸟像流星似闪电，一下接一下劈头盖脸地攻击乌鸦，扎得乌鸦只能慌乱招架，根本没有反击的机会。最后，乌鸦只得灰溜溜地逃走了。

　　"谢谢你救了我！"阿桑感激地对小蜂鸟说。

　　"这有什么呀，我们是爱吃花蜜的好朋友嘛。"

　　小蜂鸟阿桑来到报名处时，线尾娇鹟和小梅花刚走。

　　黑猩猩导演看过小蜂鸟的空中悬停和倒飞表演后，情不自禁地拍手叫好："我们正好缺一个空中特技飞行演员，就选你了！"

"你也是蜂鸟？你也是来报名的？"兴奋的黑猩猩导演这才发现了身旁的阿桑。

"我是灿烂太阳鸟。我可不会倒着飞，也不会空中悬停。我只是长得像蜂鸟而已。"阿桑朝黑猩猩导演扮了个鬼脸，飞走了。

经过几天的挑选和面试，演员终于都选好了。按说黑猩猩导演应该高兴才对，可是，它却一脸愁容。

最 小 的 鸟

世界上大约有600种蜂鸟，其中大多数种类都生活在南美洲的热带雨林中。它们的大小差异很大。巨蜂鸟的体长有20多厘米，古巴吸蜜蜂鸟的体长大约只有6厘米，体重仅有2克左右，是世界上最小的鸟。大多数蜂鸟的体长约为8厘米。

蜂鸟能够通过快速拍打翅膀悬停在空中，也可以灵活地改变飞行方向。它们是唯一一类可以向后飞行的鸟。

吸食花蜜的鸟

故事中的灿烂太阳鸟阿桑，是一种以花蜜为食的鸟，它属于太阳鸟科（也叫花蜜鸟科）。这种鸟长得和蜂鸟有些像，主要以花蜜为食，也吃一些昆虫。它们吃花蜜时，喜欢停落在花上，不像蜂鸟那样悬停在空中。

爱艺术的建筑大师

原来，黑猩猩导演是在为没找到可以拍电影的漂亮庭院而发愁呢。吃过早饭，它到镇子上散心。忽然，它发现路边有一座凉亭和花园。这是谁家的庭院啊？真是既精致又漂亮。要是能在这样的庭院里拍电影，那该多好啊！

黑猩猩导演经过多方打听，得知这座漂亮庭院的主人是褐色园丁鸟先生。

为了能在这座漂亮的庭院里拍电影，黑猩猩导演来到褐色园丁鸟先生开办的建筑艺术学校。在林间一片空地上，校长褐色园丁鸟先生正在给学生们上课呢。

"我们身为园丁鸟家族的成员，是非常值得骄傲的，因为我们家族的成员，个个都是建筑大师。虽说别的鸟也会造房子，但它们造的房子，只是用来养育鸟宝宝的，讲究的是实用。我们建造的房子，不仅实用，还散发着浓郁的艺术气息。你们这些即将成年的小伙子，一定要认真听讲，只有学会建造精致漂亮的庭院，才能成为受到鸟妹妹欢迎的大帅哥。

　　"好，课程的重要性我已经讲完了，下面我们就开始上课。"一番开场白之后，褐色园丁鸟先生开始讲起了建筑专业课。

　　鸟不可貌相，褐色园丁鸟先生虽然羽毛平淡无奇，却是鸟家族中最著名的建筑设计师。今天它要给学生们讲的，是如何建造哥特式凉亭和大花园。

　　"要建造别致的哥特式凉亭，需要先找一棵小树，以它为支撑柱，然后按照心里想好的图样，将收集来的建筑材料一一组合起来。"褐色园丁鸟先生一边说着，

一边将一些长短合适的小树枝插在一起。这些材料看似杂乱无章，其实每一根插放的位置，褐色园丁鸟先生都事先在心里设计好了。不久，1米多高的小亭子就建好了，它有一个漂亮的尖顶，这是哥特式建筑的显著特点。

"凉亭建好之后，接下来是刷涂料。"

学生们学着褐色园丁鸟先生的样子，先将树叶咬碎，然后用嘴把浓浓的树叶汁液涂抹到凉亭的内墙上。

"那些鸟妹妹挑剔着呢，它们有时会尝一下内墙的味道。"

凉亭内部粉刷完之后，校长先生又开始教学生们如何装点花园。

"我们要像诗人一样修饰我们的花园。先用绿色的苔藓做地毯，然后将各种装饰物摆放在苔藓地毯上。

"蓝色的果实，金色的叶子，黑色的橡树果，红色的花朵，还有蜗牛壳，都可以用来做装饰。如果能找到奇形怪状的骨头、只剩下叶脉的树叶、完整的蝉衣，还有甲虫的鞘翅等，那就更好了。"

转眼间，褐色园丁鸟先生变成了一位配色大师。它这边放一朵玫瑰色的风铃一样的小花，那边放一堆色彩艳丽的果实，另一边放两朵紫色的小花……

　　"色彩搭配很重要。为了好看，你们也可以在一堆黑色的果子旁边摆放一朵红花做点缀。要知道，品位和细节对我们来说相当重要。"

　　"褐色园丁鸟先生，我们到哪儿去买这些装饰用的宝贝呢？"一个学生问道。

　　"这些宝贝可没有地方买。你们得自己到森林里去挑选、收集。花朵、果子这些可以去采，蝉衣也可以去捡，只有闪闪发亮的甲虫鞘翅很难捡到，你们得去捉甲虫才行。捉住之后怎么办，就不用我教了吧？你们要记住，要把它们的鞘翅正面朝上摆放在一起，这样才会看到金属光泽和彩虹般的色彩。"

　　褐色园丁鸟先生正在做示范，忽然，两个小家伙吵了起来。

　　这个说："它偷了我的果子！""你不也拆了我的凉亭吗？"另一个也理直气壮。

　　令黑猩猩导演不解的是，褐色园丁鸟先生只是看了它们一眼，并没有批评，也没有制止它们，而是接着讲下去："最后，我要讲的是凉亭和花园的维护。不要以为建完凉亭和花园就万事大吉了，你们要经常检查和维护它们。要将枯萎的花朵、不新鲜的果子挑出来丢掉，补上新鲜的花朵和果子。同时，你们还要看好自己的宝贝，时刻提防邻居来捣乱。因为破坏、偷窃这样的行为，对于我们园丁鸟来说都是正当的。好了，我的建筑专业课就给大家讲到这里，下课！"

原来，园丁鸟偷东西是正常的呀，难怪褐色园丁鸟先生没有批评那两个小家伙。

黑猩猩导演向褐色园丁鸟先生说明来意后，褐色园丁鸟先生沉默了好久。在黑猩猩导演保证绝不会损坏它的庭院之后，褐色园丁鸟先生才同意让它在自己的庭院里拍电影。

演员选好了，庭院也借好了，一切准备就绪。可是，电影开拍不久，就发生了一件奇怪的事。

知识板块

热爱艺术的鸟类建筑大师

在已知的 20 种园丁鸟中，有 17 种都会搭建亭子。它们的亭子虽然大小、形状不一，选用的装饰物也不同，但都很精巧、整洁，装饰物色彩很艳丽。它们建造亭子时，无论是选址、选材，还是搭建亭子，进行内部装修，都非常讲究，令人赞叹。

园丁鸟的亭子并不是用来住的，而是用来吸引雌鸟、向雌鸟求婚的。等园丁鸟举办完婚礼，园丁鸟太太会精心修筑一个杯子形的巢，用来孵卵。这种巢会建在离亭子几百米远的空地或树枝上。园丁鸟太太很辛苦，要独自孵卵和照顾鸟宝宝。

偷食物的"猫头鹰"

接连几天，剧组人员发现自己的早餐和夜宵都被偷吃过。开始时是少了几只蜗牛，后来连蜥蜴、蛙类、蠕虫还有嫩树枝、水果等也不时会消失。小蜂鸟主动请缨，要把这事查个水落石出。

天还没亮，小蜂鸟就来到露天餐厅旁的大树上。树下的餐桌上已经摆放好了剧组的早餐。四下里静悄悄的，并没有什么异常情况。可是，天蒙蒙亮的时候，一个陌生的身影飞落到餐桌上，开始大吃起来。蜗牛、蜥蜴、蠕虫、嫩树枝和水果，它都不放过。吃饱之后，这家伙还叼上一只小蜥蜴，心满意足地离开了。

小蜂鸟悄悄地跟在这个小偷的后面，来到一棵大树旁。

此时天色已经大亮。咦，刚才明明看到小偷飞到了树上，怎么一眨眼就不见了？难道自己刚才看错了？

　　忽然，一阵微风吹过，一截树枝上翘起的树皮轻轻动了一下，是像羽毛那样轻轻地动了一下。微风怎么能吹动树皮？小蜂鸟揉了揉眼睛，又仔细打量一番这截树枝。这下它看清楚了，这哪是什么树枝，而是一只大鸟！

　　为了不打草惊蛇，小蜂鸟悄悄围着这根奇怪的"树枝"进行了全方位的侦察。这下终于看得一清二楚了，小偷原来是一只猫头鹰！它正仰着头闭着眼，伪装成树枝的样子。它一身灰褐色的羽毛，与旁边的树枝颜色一模一样。如果不特别仔细地观察，根本就发现不了它。

　　"老爸我饿，我要吃蜥蜴。"忽然，旁边一根更小的"树枝"也活了。原来是一只小猫头鹰伪装成了小树枝。小家伙饿极了，张开大嘴哭了起来。天哪，这个小家伙的嘴可真大，和大蛤蟆的嘴差不多。那个小偷连忙从嘴里吐出小蜥蜴，把它喂给小猫头鹰。

　　"老爸，我还饿。"小猫头鹰没吃饱，继续哭闹。

　　"嘘——别吵别闹，过一会儿我再去给你偷蜗牛吃。好像有什么动静，快点儿把眼睛闭上，伪装成树枝。不然被它们发现，我们就偷不着食物了。"猫头鹰爸爸说完，眼睛一闭，头一仰，又装成树枝的样子。

　　这一切都被小蜂鸟看在了眼里。小蜂鸟知道自己对付不了猫头鹰爸爸，便去镇上找猫头鹰警长。

　　"你是怎么看管你们家族的成员的？它怎么能偷我们的早餐呢？"

　　"它偷吃什么了？"猫头鹰警长睁一只眼闭一只眼，一副没睡醒的样子。

　　"偷吃了一些蜗牛、蜥蜴、蠕虫，还有嫩树枝和水果。"

"吃了这些啊？那就有点儿怪了。你说说看，这个小偷长什么样？"猫头鹰警长沉思了一会儿又问。

　　听完小蜂鸟的描述，猫头鹰警长肯定地说："这个小偷不是我们猫头鹰家族的成员。"

　　"怎么不是，它可与你们猫头鹰长得非常像。"

　　"它的嘴张开时是不是非常大，像蛤蟆嘴一样？"

　　"是呀是呀！"小蜂鸟想起了那只小鸟。

　　"它的脚是不是比较纤细、瘦弱？"猫头鹰警长又问。

　　"是不太粗壮。"小蜂鸟想了想回答道。

"这就对了。它们不是猫头鹰，而是长相超级像猫头鹰的茶色蟆口鸱（chī）。我们猫头鹰喜欢吃老鼠和比鼠类大一点儿的小型哺乳动物。我们吃东西时，会先用爪子将猎物抓住，然后再用弯钩一样的嘴将猎物撕开吃掉。而茶色蟆口鸱捕捉猎物时，是张开嘴一口吞下去。对于它们来说，大嘴就是捕捉猎物的利器。"

　　由于错把茶色蟆口鸱当成了猫头鹰，小蜂鸟有点儿不好意思。

　　"哈哈，没关系。不光你会弄错，好多人都会弄错。它们不仅模样像猫头鹰，连昼伏夜出的生活习惯也与我们猫头鹰一样。"

　　在猫头鹰警长面前，茶色蟆口鸱不仅承认了自己的身份，对自己的偷窃行为也供认不讳。不过，猫头鹰警长念在它是为了喂养孩子才去偷吃的，便对它从轻处置了。

　　经历过这件事后，小蜂鸟喜欢上了侦探这个职业。拍完电影之后，它便开了一家小蜂鸟侦探事务所，像模像样地当起了侦探。

　　听到这里，小豆丁知道，今晚美妙的故事时光又要结束了。

　　他站起身，恋恋不舍地问："今天的故事讲完了？"

　　"嗯，讲完了。"

　　"那你告诉我，我应该做些什么，你明天才能继续给我讲故事？"小豆丁知道，故事书要他做的事情，肯定都和雨林有关。

　　"夏天虽然很热，但是要尽量少使用空调。如果要用，温度也不要设定得太低。"

　　"好，我记住了。晚安，神奇的故事书！"小豆丁向神奇的故事书道别。

第十天，小豆丁早早地来到了书房。

"小豆丁，你来得真早啊！"故事书看了看墙上的时钟，"你是不是特别喜欢听破案的故事？"

"嗯！我特崇拜大侦探，最爱听他们的破案故事了。"

"哈哈，那今天晚上，我就让你认识一个雨林侦探——小蜂鸟，听听它的破案故事。"故事书一边笑着一边把书打开。

彩虹大盗现形记

小蜂鸟的侦探事务所刚成立不久，舞林镇的小吃街就接二连三地发生了几起恶性盗窃案件，被盗的花蜜吧都遭到了严重的破坏。

这天早上，小蜂鸟正在吃早餐，电话铃响了，是桉树老先生打来的。

"是侦探小蜂鸟吗？我的花蜜吧被盗了，你快过来看看吧！"

小蜂鸟来到小吃一条街。只见桉树老先生的花蜜吧一片狼藉，不仅花蜜被洗劫一空，就连果实也被糟蹋得不成样子了。从花和果实上留下的啄痕和爪痕来看，这很像是

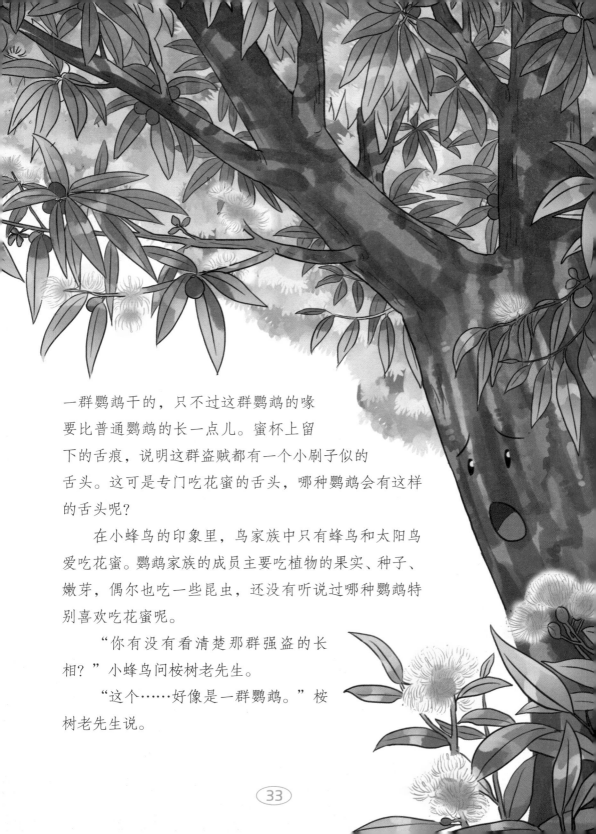

一群鹦鹉干的，只不过这群鹦鹉的喙
要比普通鹦鹉的长一点儿。蜜杯上留
下的舌痕，说明这群盗贼都有一个小刷子似的
舌头。这可是专门吃花蜜的舌头，哪种鹦鹉会有这样
的舌头呢？

　　在小蜂鸟的印象里，鸟家族中只有蜂鸟和太阳鸟
爱吃花蜜。鹦鹉家族的成员主要吃植物的果实、种子、
嫩芽，偶尔也吃一些昆虫，还没有听说过哪种鹦鹉特
别喜欢吃花蜜呢。

　　"你有没有看清楚那群强盗的长
相？"小蜂鸟问桉树老先生。

　　"这个……好像是一群鹦鹉。"桉
树老先生说。

"我看见了，是一群像彩虹一样美丽的鹦鹉，它们的装扮都是紫帽子、黄围巾、绿披风，还涂着橘红色的唇膏，要多漂亮有多漂亮。只是它们的喙比普通鹦鹉的长一点儿。"住在桉树隔壁的木瓜太太肯定地说。

这到底是一群什么鹦鹉？鹦鹉怎么会去盗窃花蜜呢？小蜂鸟百思不得其解。

一抬头，路边一个新挂起的宣传海报引起了小蜂鸟的注意。海报上写着：彩虹鹦鹉时装队明天将来到舞林镇进行为期一周的时装表演。"上面还附有彩虹鹦鹉的大特写：紫帽子、黄围巾、绿披风、橘红色的嘴，和木瓜太太描述的一模一样。

小蜂鸟赶紧上网查找彩虹鹦鹉的档案。这一查才知道，彩虹鹦鹉是一种吸蜜鹦鹉，常常数百只聚集在一起，组成盗劫团伙，四处盗窃花蜜。这下小蜂鸟的心里有数了，它猜测，镇上的几起花蜜失窃案多半是它们干的。

但是，怎么才能确认花蜜就是它们偷吃的呢？如果直接去问的话，它们肯定不会承认。怎么办好呢？小蜂鸟眼前一亮，想出了一个好办法。

第二天，看完彩虹鹦鹉时装队的表演，小蜂鸟找到队长说："为了表示对你们的欢迎和感谢，我代表舞林镇全体成员，邀请你们到镇中心的宴会厅去吃大餐。"

队长哪里知道这是小蜂鸟设下的圈套，高兴地答应了。

宴会上，彩虹鹦鹉们对摆放在它们面前的坚果和鲜果，似乎没有什么胃口，只是偶尔啄食一下。相反，它们的眼睛直勾勾地看着小蜂鸟、太阳鸟面前的花蜜，馋得口水都快流下来了。

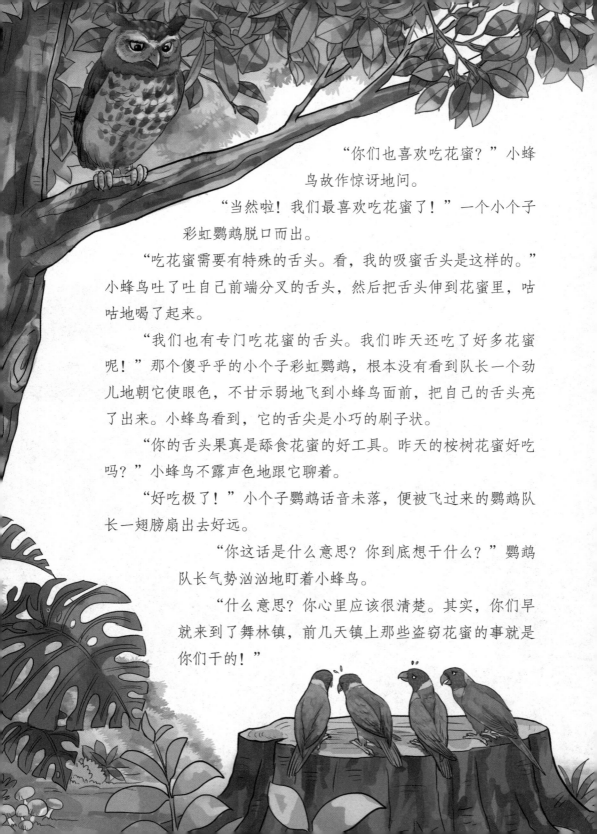

"你们也喜欢吃花蜜？"小蜂鸟故作惊讶地问。

"当然啦！我们最喜欢吃花蜜了！"一个小个子彩虹鹦鹉脱口而出。

"吃花蜜需要有特殊的舌头。看，我的吸蜜舌头是这样的。"小蜂鸟吐了吐自己前端分叉的舌头，然后把舌头伸到花蜜里，咕咕地喝了起来。

"我们也有专门吃花蜜的舌头。我们昨天还吃了好多花蜜呢！"那个傻乎乎的小个子彩虹鹦鹉，根本没有看到队长一个劲儿地朝它使眼色，不甘示弱地飞到小蜂鸟面前，把自己的舌头亮了出来。小蜂鸟看到，它的舌尖是小巧的刷子状。

"你的舌头果真是舔食花蜜的好工具。昨天的桉树花蜜好吃吗？"小蜂鸟不露声色地跟它聊着。

"好吃极了！"小个子鹦鹉话音未落，便被飞过来的鹦鹉队长一翅膀扇出去好远。

"你这话是什么意思？你到底想干什么？"鹦鹉队长气势汹汹地盯着小蜂鸟。

"什么意思？你心里应该很清楚。其实，你们早就来到了舞林镇，前几天镇上那些盗窃花蜜的事就是你们干的！"

"作为一名侦探，你不能血口喷人，说话要有证据！"鹦鹉队长继续狡辩。

"证据就是你们的舌头和喙！盗窃现场留下的舔痕和啄痕，与你们的舌头和喙完全吻合。这说明，你们就是偷窃花蜜的盗贼！"

听到这里，彩虹鹦鹉们哑口无言。它们终于交代了盗窃镇上花蜜吧的经过：之前，它们没有找到丰富的蜜源，一直饿着肚子。来到舞林镇后，发现这里的花蜜吧很多，里面的蜜也非常丰富，就不顾一切地大吃特吃起来，没想到对花蜜吧造成了破坏……

鉴于它们盗窃花蜜是饥饿所迫，小蜂鸟与猫头鹰警长商量后决定，给予它们在舞林镇增加20场表演的处罚。

知识板块

爱吃花蜜的鹦鹉

吸蜜鹦鹉是鹦鹉家族中的一类，有50多种，羽毛大都非常漂亮，而彩虹鹦鹉是众多吸蜜鹦鹉中最漂亮的一种。彩虹鹦鹉的大名叫虹彩吸蜜鹦鹉，体色五彩斑斓。它们生活在森林低处，喜欢成群结队飞行、觅食，是雨林中一道亮丽的风景。它们的主要食物是花蜜和花粉。

谁杀害了绿宝宝

　　小蜂鸟成功地侦破了彩虹鹦鹉盗窃花蜜的案子，信心大增。

　　这一天，它刚刚起床，就接到了折衷鹦鹉绿先生的电话："小蜂鸟，我们的绿宝宝不知被谁杀害了，你快过来帮我们追查凶手吧！我外出找吃的，走前它们还好好的，可回来后绿宝宝就不行了，而我的太太和红宝宝躲在巢的一边发呆。一定是哪个大坏蛋趁我外出，把我的儿子害死了！"

　　小蜂鸟放下电话就往折衷鹦鹉的家赶去。

　　说起折衷鹦鹉先生和太太，镇上没有不知道的。它们虽然是鹦鹉，但与其他鹦鹉大不一样。别的种类的鹦鹉，夫妻都长得差不多，从外表上基本看不出差异来，而它俩从外表上一眼就能让人分辨出来。

　　折衷鹦鹉太太喜欢红色，大红色的打底衫配蓝紫色吊带背心，外面还罩了一件猩红色小开衫，喙漆黑油亮。先生则偏爱绿色，一身绿色连体衣搭配红蓝色背带，喙是黄中有红的鲜艳色。因此，周围的朋友都把它们称为红太太、绿先生。

　　它们的两个宝宝也遗传了父母的基因，才一个多月大，就能从刚刚长出的羽毛上，分辨出哪个是女儿哪个是儿子了。红宝宝是姐姐，绿宝宝是弟弟。

　　小蜂鸟的眼前出现了一棵大树，折衷鹦鹉的家就建在高高的树洞里。由于最近频繁下雨，洪水泛滥，水面已经快涨到它

们家门口了。小蜂鸟心想，照这么
个涨法，估计过不了多久，它们的家就
会被洪水淹没。

　　刚才在来的路上，小蜂鸟还在想，杀害绿宝宝的凶手多
半是蛇、鼠之类。因为它们总是趁鸟爸鸟妈不注意，偷吃鸟
蛋和捕食幼鸟，有时甚至连鸟爸鸟妈也不放过。

　　但是，当看到绿宝宝那完整无缺的尸体时，小蜂鸟推翻
了自己的想法。如果是蛇、鼠作的案，它们肯定会把绿宝宝
囫（hú）囵（lún）吞了，怎么会让绿宝宝的尸体留在巢里呢？
而且，红宝宝和红太太怎么一点儿也没有受到伤害呢？

　　"红太太，你能把刚才发生的事情详细地说一遍吗？"
小蜂鸟问红太太。

　　"我哪有时间和你唠叨,你没看见我正忙着呢!"红太太不停地给红宝宝理毛,头也不抬。不知为何,它对小蜂鸟的到来很不高兴。

　　懵(měng)懂无知的红宝宝则在一边一个劲儿地要吃的。

　　小蜂鸟只得把目光转向绿先生:"绿先生,你还有什么线索可以提供给我吗?"

　　"没有了没有了。没想到你这么快就来了。给你添麻烦了,我们不报案了。"绿先生的表情有些尴(gān)尬(gà),它不再像刚才报案时那样气愤了。

　　红太太忽然转过头来狠狠地啄了一下绿先生:"别在这里浪费时间了,快去找吃的!你没看见红宝宝饿得叽叽叫吗?"

　　绿先生抱歉地对小蜂鸟点了下头,飞走了。

　　得不到更多的破案线索,绿先生又取消了报案,小蜂鸟只好离开折衷鹦鹉的家。

　　小蜂鸟越想越觉得折衷鹦鹉夫妇的表现太奇怪了!自己的宝宝被害了,做妈妈的怎么那么平静?而且,红太太为什么那么不欢迎我？绿先生为什么又不想报案了？绿先生知道了什么？到底发生了什么？

无数个问号在小蜂鸟的脑子里打转转。就在小蜂鸟百思不得其解的时候，折衷鹦鹉的邻居笑翠鸟给小蜂鸟提供了一条重要线索："我听说，红太太重女轻男很严重。它经常和我们这些邻居唠叨，说绿宝宝长得太慢了，红宝宝长得快。还说，洪水来了，食物越来越难找，抚养两个宝宝太难了。"

看着四周不断上涨的洪水，一个大胆的推理出现在小蜂鸟的脑海里——是红太太把绿宝宝杀死了。

小蜂鸟又返回了折衷鹦鹉的家。

听完小蜂鸟的推理，红太太低下了头："你的判断没错，是我杀死了绿宝宝。但我是万不得已才这样做的呀，我不能看着两个宝宝都夭折。在洪水淹没我们

家之前，它们必须发育完全并学会飞行，不然就会被洪水淹死。但现在食物越来越难找，我必须做出选择，放弃一个宝宝。之所以选择放弃绿宝宝，是因为它长羽毛的速度比红宝宝慢……真相刚才我已经告诉我先生了。请求你现在不要把我抓起来，给我一些时间，让我和我先生把红宝宝养大，等它能够独立生活后，再让我接受法律的制裁。"

听完红太太的讲述，小蜂鸟没有再说什么，而是默默地离开了折衷鹦鹉的家。

知识板块

红女绿男俏鹦鹉

折衷鹦鹉分布广泛，印度尼西亚、所罗门群岛、新几内亚的许多岛屿以及澳大利亚的约克角半岛等都能看到它们的身影。它们属于中等大小的鹦鹉，体长30到40厘米。其中个头儿最大的是澳大利亚折衷鹦鹉，最小的是所罗门岛折衷鹦鹉。"折衷鹦鹉"这个名字是从它的英语名"Eclectus roratus"直译过来的。

在所有鹦鹉当中，折衷鹦鹉的雄鸟和雌鸟外表差异最明显，绿色的雄鸟与红色的雌鸟形成了强烈的对比。它们是攀禽，脚趾两根向前两根向后，非常适合抓握和攀缘。它们主要栖息于热带雨林和低地森林当中，通常成对活动。

大嘴巴明星囚禁案

　　小蜂鸟的名气渐渐大了起来，连雨林鸟类协会和鸟妹妹维权委员会都来找它帮忙了。

　　事情的起因是这样的——几天前，雨林鸟类协会发起了一项评选"大嘴巴明星"的活动。经过网友的投票，目前有两个候选鸟的票数并列第一，它们是托哥巨嘴鸟拉斐（fěi）尔先生和双角犀鸟卡罗先生。

　　这两个鸟先生的嘴巴各有千秋。拉斐尔的大嘴巴呈弯月状，几乎是身长的一半，橙黄色的大嘴巴上有一块黑斑，十分绚丽。

　　卡罗先生的大嘴巴虽然不如拉斐尔先生的艳丽，但也相当大，而且外形十分奇特，上面托着一个头盔样的突起，好似犀牛头上的角，异常威武。

其实，这两个鸟先生在参加这项活动之前就已经是大明星了。拉斐尔在电影《里约大冒险》里曾有精彩的表演，卡罗在动画片《宠物宝贝环游记》中有过出色的表现。

本来，它俩将要双双获得"大嘴巴明星"的称号，但是，就在颁奖晚会举行前夕，活动组委会和鸟妹妹维权委员会同时接到举报，说它们中有一个虐待自己的妻子，将妻子囚禁在家里不让出门。

"小蜂鸟，你能不能帮我们调查一下，看看到底是谁囚禁了自己的太太。如果情况属实，我们不仅要取消它的评选资格，还要将它的所作所为曝光。"活动组委会打来了请求帮助的电话。

放下电话后，小蜂鸟来到了巨嘴鸟拉斐尔先生的家。它的家在一个树洞里，拉斐尔先生正在孵卵呢。听说小蜂鸟是来调查囚禁太太事件的，它一下子就恼了。

"囚禁太太？开什么笑话！我怎么会做这种卑鄙（bǐ）的事呢？我的家你也看到了，这像是囚禁室吗？"

正说着，巨嘴鸟太太带着一些好吃的回来了。

听说小蜂鸟是来调查囚禁之事的，巨嘴鸟太太一脸的迷惑："囚禁？从没听说过。我们刚添了卵宝宝，我们夫妻俩轮流孵卵，轮流外出找吃的。"

这样看来，囚禁太太的事不是拉斐尔先生所为。

难道是双角犀鸟卡罗先生？

小蜂鸟又来到双角犀鸟卡罗先生的家。卡罗先生的家也在高高的树洞里。

一看到卡罗先生的家，小蜂鸟就断定，囚禁太太的大嘴巴明星肯定就是卡罗先生了。因为卡罗先生家的门封得严严实实，只留了一个细长的小洞。透过小洞，可以看到屋里的犀鸟太太正在向外张望呢。

听说小蜂鸟是来调查囚禁之事的，犀鸟太太立马就急了。

"你误会我家先生了，是我自己心甘情愿被囚禁在里面的。它这样做，是为了我和孩子们的安全。你没看到这周围有那么多蛇啊、猛禽什么的吗？它们做梦都想趁我孵宝宝的时候吃掉我们呢。为了我和宝宝的安全，我和先生就商量着把家门封起来。我家先生从外面衔回泥土，我从胃里吐出大量黏液，掺进泥土中，连同树枝、草叶等，混合成非常黏稠的材料，把家门封起来，只留下一个刚刚能容我伸出嘴巴的窄洞。这样一来，我就能安心地孵化和哺育我们的宝宝了。"

"那你被关在屋子里吃什么啊？"小蜂鸟问。

"当然是我先生给我送饭啦！我孵化和哺育宝宝期间的一切饮食，全部由我先生负责。我先生可忙了！白天，它一次又一次地飞到远处寻找好吃的。有时，它会把自己胃中的一层壁膜脱落下来，吐出体外当袋子，把找到的食物装进去，带回家。夜晚，我先生就站在门外的树枝上，给我们站岗放哨。为了照顾我和宝宝，它都瘦了一大圈啦！"

正说着，忽然，扑棱扑棱，远处传来很大的响声。是卡罗先生回来了。它带回一只蜥蜴，通过门上的小洞把蜥蜴递给太太，然后由太太喂给小犀鸟吃。

情况完全调查清楚了，囚禁太太的是双角犀鸟卡罗先生，但卡罗先生囚禁太太不是虐待，而是出于爱。

小蜂鸟上交了自己的调查报告。两个鸟先生双双获得了"大嘴巴明星"称号，卡罗先生还被授予了"模范先生"的称号。

美丽的大嘴巴

托哥巨嘴鸟

巨嘴鸟有很多种，是中型鸟类，属于巨嘴鸟科。托哥巨嘴鸟是其中个头儿最大的，体长 55 到 70 厘米。托哥巨嘴鸟也叫鞭笞巨嘴鸟，鲜艳的大嘴巴长 20 多厘米，主要分布在南美洲中部及东部的热带雨林里。

别看托哥巨嘴鸟的嘴巴那么大，但很轻。因为这个大嘴巴的内部是空的，外面只有一层比较薄的角质鞘，由网状排列的骨质杆支撑着，重量只有 30 克。托哥巨嘴鸟主要吃果实、昆虫等。

双角犀鸟

双角犀鸟又叫大斑犀鸟、印度大犀鸟，属于犀鸟科。这是一种大型鸟类，体长超过 1 米，雄鸟的嘴巴有 30 多厘米长。它们栖息于热带雨林高大的树上，主要分布于印度、缅甸、泰国、马来西亚和印度尼西亚等。我国西双版纳的雨林里也有双角犀鸟。

双角犀鸟的食量大，食性杂，既吃各种热带植物的果实和种子，也吃昆虫、小鸟、蜥蜴、老鼠、变色龙等动物。它的大嘴也是中空的，不沉，使用起来非常灵巧。雌鸟在几乎封闭的树洞中孵卵、育雏。为保持巢穴清洁，雌鸟和雏鸟排便时，都是把肛门对准洞口直接把便喷射出去。

慢悠悠先生之死

小蜂鸟越来越迷上了破案，它的破案水平也越来越高。它给自己起了个拉风的名字——神探小蜂鸟。现在，连镇外的居民也来请它破案了。

"喂，是神探小蜂鸟吗？我们是亚马孙雨林社区凤梨小区的居民，我们在小区的丛林里发现了一具尸骨，死者的身份和死因不详，你快来看一下吧！"一天清晨，小蜂鸟被树蛙的报警电话叫醒了。

放下电话，小蜂鸟匆匆吃了点儿花蜜，就向案发现场飞去。

到了案发现场，从尸骨那明显的长趾骨上，小蜂鸟一眼就认出死者是一只树懒。

经过现场取证、DNA鉴定，得知死者正是住在凤梨小区的树懒慢悠悠先生，死亡时间大约是一周前，初步判定为非正常死亡。慢悠悠先生是雨林中脾气最好的居民之一，从不招惹是非，谁会对它下毒手呢？

也许是它？小蜂鸟的脑海中一下子浮现出头号嫌疑犯——角雕的形象。角雕是世界上最威猛

的大型禽类之一，它的食物里有三分之一是树懒。

也许是慢悠悠先生晒太阳时，被在空中巡视的角雕发现了，从而惨遭杀害？

但小蜂鸟的这一推理马上被住在不远处的一只角雕推翻了。这只角雕对小蜂鸟说："我们角雕的确经常捕食树懒，但那只树懒绝对不是我们角雕杀的。假如是我们角雕杀的，我们肯定要把它带回巢里与宝宝分享，它的骨头会留在我们的巢里或者散落在巢下，怎么会出现在远离角雕巢的地方呢？"

角雕说的有理有据，再看看尸骨上方的树，上面根本没有角雕的巢，于是小

蜂鸟把角雕从嫌疑犯名单上划掉了。

也许是巨蚺？小蜂鸟又把目光投向了二号嫌疑动物。

巨蚺是雨林里的无声杀手，体长可达 4 米，会利用伪装术来偷袭猎物。它凶猛强健，就连身手敏捷的猴子也躲不过它的袭击。

神探小蜂鸟的脑海中又出现了巨蚺杀害树懒的假想情景——某个深夜，巨蚺凭借灵敏的嗅觉发现了树懒。它偷偷地接近树懒，突然袭击，用巨大的身体紧紧缠住树懒，使树懒窒息而死。

但转念一想，不对。如果是巨蚺杀死了树懒，那它应该把树懒整个吞入腹中，怎么会留下一具那么完整的骨架呢？

小蜂鸟又把巨蚺从嫌疑犯名单中划掉了。

既不是角雕也不是巨蚺，难不成是树懒自己把自己害死了？想到这里，小蜂鸟眼前一亮。

树懒的食物十分单调，只有树叶，而好多树叶是有毒的。它也许是吃了有毒的树叶被毒死了，所以从树上掉到了地面。

但小蜂鸟的推理马上遭到了树懒家族的反驳："你转转你的

脑袋，就算不能像我们这样转270度，转90度也行！我们虽然吃一些有毒的树叶，但我们的新陈代谢非常缓慢，能自己分解掉毒素。所以，我们根本就不会被树叶毒死。再说了，慢悠悠先生明显是被害死的，不然，才失踪一个星期，怎么就只剩下一具尸骨，连一点儿肉都没有了？它肯定是被哪个坏蛋啃光了！"

一句话惊醒小蜂鸟。谁能把一只树懒啃得如此干净，只剩下一具尸骨呢？

行军蚁！一想到这三个字，小蜂鸟浑身的毛都竖了起来。

行军蚁虽然个头儿很小，却是雨林里让所有动物闻风丧胆的杀手。它们的躯壳坚硬，弯刀般的大颚十分锋利。唾液里有毒，猎物被咬伤后，会很快麻痹，失去抵抗能力。它们仗着蚁多势众，连大个头儿的猎物也不放过。

行军蚁们痛快地承认，是它们啃食了慢悠悠先生。但当听小蜂鸟说，是它们害死了慢悠悠先生时，它们使劲儿地摇着触角反驳："不对不对，我们啃食了慢悠悠先生不假，但我们发现它时，它已经死了。你想，那么喜欢在树上待着的树懒，怎么会傻到专门下到地面上，等着我们行军蚁去猎食呢？"

行军蚁的一番话，让小蜂鸟不得不重新梳理思路。

　　如果真像行军蚁说的那样，那么慢悠悠先生就是先在树上被害死，然后跌落到树下，最后被行军蚁啃食了。但谁会在树上对慢悠悠先生下毒手呢？最有嫌疑的角雕和巨蚺已经被排除在外了。

　　小蜂鸟又仔细研究了慢悠悠先生的每一块遗骨，当查看到头骨时，它摇了摇脑袋，懊恼不已。唉，自己真是太粗心了，怎么没有注意到头骨上的这两个致命齿孔呢？自己怎么能把那些会上树的猫科动物忽略了呢？

　　小蜂鸟翻阅了住在亚马孙雨林社区里的所有猫科动物的档案，发现了两个重大嫌疑对象——美洲豹和虎猫。

　　这两种动物都是凶猛的食肉动物，不仅会爬树，还喜欢在夜间作案，而且都有杀害树懒的前科。

　　它们中到底是谁给了慢悠悠先生那致命的一击呢？

　　经过齿痕对比，小蜂鸟发现，慢悠悠先生头骨上的致命齿孔与虎猫的犬齿完全吻合！

　　至此，案情终于水落石出：一周前的一个深夜，树上的慢悠悠先生和另一只树懒遭到了虎猫的袭击而丧命，虎猫叼走了另一只树懒。而慢悠悠先生跌落到地面，恰巧被正在打猎的一群行军蚁发现，于是变成了一堆白骨。

雨林杀手

雨林里，大型食肉哺乳动物并不多。美洲豹和虎猫是亚马孙雨林里的主要杀手。

美洲豹又叫美洲虎，是猫科家族中个头儿仅次于狮子和老虎的大家伙，它们以威猛凶狠著称。见到它们，许多小动物会吓得魂飞魄散。它们长得像豹子，但行为和栖息的习性与老虎相似，喜欢生活在树木茂密的热带雨林里。它们既有老虎和狮子的力量，又有豹子和猫的灵敏。它们咬力惊人，捕食一切能捕到的动物，包括龟、鱼、短吻鳄、鹿以及灵长目和两栖类动物等，当然，树懒也是它们的捕猎对象。在捕猎时，它们不像大多数猫科动物那样咬断猎物的喉咙，而是直接咬穿猎物的头盖骨。它们现分布于墨西哥至中美洲的大部分地区。

虎猫又名美洲豹猫，个头儿比美洲豹小许多，也是一种凶猛的食肉动物。它们的外形酷似老虎，善于攀爬，身手敏捷。它们的弹跳力强，牙齿锋利，也善于咬穿猎物的头盖骨。它们视觉灵敏，具有夜视能力，捕食蛇、鱼、鸟、树懒以及猴类、两栖类、啮齿类等动物，主要分布于美洲。

戴面具的劫匪

　　连树懒懒悠悠先生那么难破的案子都被小蜂鸟侦破了，这让小蜂鸟一下子名气大振，越来越多的顾客慕名来找它破案。

　　这一天，小蜂鸟刚睡醒午觉，便接到报案——就在刚才，有一个戴着面具的家伙打劫了蜜蜂的家。

　　小蜂鸟马不停蹄地赶到了现场。一只负责警卫的蜜蜂讲述了案发的经过：

　　"刚才，我们正在蜂巢进进出出地忙碌着，忽然来了一个劫匪。它穿着一身华美的纯黑色毛皮外套，体形看起来很像猴子，但尾巴又长又粗，和狐狸的一样。最奇特的是，它的脸上戴着一个毛茸茸的白色面具。就是这个面具，把它的脸整个保护了起来，任我们怎么蜇（zhē），它都面不改色，直到吃够了蜜才离开。它看起来蠢蠢笨笨的，没想到跑得却像飞人那么快，轻轻一跃，就跳到10米开外的树枝上去了。"

　　小蜂鸟仔细查看了现场，树上的蜂巢已经破损，四周树枝上散落着金黄色的蜂蜜和白色的蜂蜡，蜂蜜遭到洗劫，但蜜蜂没有受到伤害。看来，劫匪对蜜蜂没有恶意，只是对蜂蜜感兴趣。

　　这个戴着面具的劫匪是谁呢？会不会是黑熊？小蜂鸟马上把这个想法给否定了。黑熊虽然很喜欢吃蜂蜜，但它的身子笨重，绝不可能在树上跳来跳去的。再说了，它也没有那么大的尾巴呀。

小蜂鸟正思索着，突然手机响了："小蜂鸟，快来！一个戴面具的家伙袭击了蝙蝠的家，把蝙蝠小弟吃了。"

　　小蜂鸟连忙赶到蝙蝠的家。蝙蝠对劫匪相貌的描述和蜜蜂描述的一模一样。看来，抢劫蜂巢和袭击蝙蝠家的是同一个罪犯。但是，这个劫匪到底是什么身份，现在又在哪里呢？

　　天色渐渐暗了下来，小蜂鸟仍然没有找到破案线索。这时，路边花蜜小店里，一对蜜熊父子的对话，传到了小蜂鸟的耳朵里。

　　先是小蜜熊稚嫩的声音："我们的新邻居是猴先生吗？"

　　"是呀，它叫白面僧面猴。"蜜熊老爸说。

　　"唉，我要是有它那样的面具就好了，可以不怕蜜蜂蜇，痛快地偷吃蜂蜜。听猴先生说，吃蜂蜜可比舔花蜜过瘾多了。"小蜜熊天真地说。

说者无意，听者有心。小蜂鸟听明白了，原来，那个戴面具的家伙是一只猴子，而且，它就住在蜜熊家附近。

第二天天刚亮，小蜂鸟就来到蜜熊家附近的树枝上，等待那个戴面具的家伙。

忽然，一个奇特的面具出现在枝叶间，那面具是白色的，形状如同两个大腰果对在一起。随后，黢（qū）黑的毛茸茸的身体和蓬松的大尾巴也出现了。它正是小蜂鸟要找的劫匪。

小蜂鸟悄悄地跟在那个家伙的后面。只见它来到一个蜂巢前，轻车熟路地找到蜂蜜，不顾蜜蜂们的阻挡，张开嘴巴大吃起来，金黄色的蜂蜜从它的嘴角流出。吃完蜂蜜，它又轻轻一跃，跳开了。它在树上东跳西跳，很快来到了一个树洞前。它向树洞里看了看，又闻了闻，然后把手伸了进去，等它的手再出来时，掌中多了一只吱吱乱叫的黑乎乎的小东西。小蜂鸟飞近一看，是一只惊魂未定的小蝙蝠。

眼看戴面具的劫匪就要把小蝙蝠当点心吃了，小蜂鸟嗖地飞了过去，用尖尖的嘴使劲儿啄了一下劫匪的手腕。劫匪胳膊一哆嗦，手一松，小蝙蝠趁机从它的魔爪中逃了出去。

在法庭上，戴面具的劫匪对打劫蜜蜂家、杀害蝙蝠小弟的犯罪事实供认不讳。

"把你的面具摘下来，让我们看看你的真面目！"法官黑猩猩命令道。

"谁戴面具了？我抗议，你们歧视我！我这毛茸茸的白脸是爹妈给的。"直到这个时候，大家才恍然大悟，劫匪的"面具"是天生的——它的脸天生就长着厚厚的白色绒毛，猛一看就像是戴了一个面具。

知识板块

戴"面具"的猴先生

白面僧面猴是僧面猴科动物，主要生活在亚马孙河和奥里诺科河流域的雨林里。它们体长约40厘米，大尾巴几乎与身体等长。

白面僧面猴雌性和雄性的毛色有明显的不同，这在灵长目动物中是少见的。雄猴通体黪黑，只有面部为白色，像戴了一副假面具。而雌猴身体呈斑驳的棕黑色，眼下有两道白色的条纹，脸部像小老头儿。

别看白面僧面猴的样子蠢，可动作极为灵活，可在相距10米的树枝间跳跃自如，因此又被称为飞猴。

寻找雨林魅影

最近，在马达加斯加岛，很多动物都说自己曾在夜晚被一个可怕的魅影惊扰。小蜂鸟第一时间赶去调查。

据一些目击者称，它们看到的是一个体黑面灰、嘴尖如鼠、牙齿暴突，还长着一对黄色大眼睛的魔鬼。它的手指黑黢黢的，又细又长。它的叫声"唉唉"的，像是谁在叹息，又好似小孩在哭泣，特别恐怖。它常常夜半蹲在树上敲击树干。

小蜂鸟可不相信世上有什么鬼怪，它初步判断，这应该是一种喜欢夜间活动的动物。但它是谁？夜里出来敲击树干干什么？

　　为了尽快揭开这个谜，小蜂鸟在这个怪物常出没的地方安放了几台红外夜视摄像机。因为"魔鬼"总是在夜间出现，而小蜂鸟一到夜晚就没有了精神，必须休息，没法进行侦查，不得已，它才想出了这么个法子。

　　第二天一早，吃饱花蜜的小蜂鸟开始查看昨晚的录像。录像显示，许多地方都出现了这个"魔鬼"的魅影。在椰林里，它贪婪地抱起一个椰子，用尖尖的像老鼠一样的门牙把椰壳凿开，然后美美地吃起来。杧果树上，它抱着杧果一通狂吃，那吃相一点儿也不优雅，果子的汁水连同它的口水四处飞溅。镜头最多的是它蹲在树上，用手指啪啪地敲击树干，并不时用牙齿咬开树皮，把手指伸进去，掏出一些什么东西填到嘴里。

　　看来这个"魔鬼"比较喜欢吃水果。可是，它敲击树干干什么？难道是在破坏树木？

　　录像的最后，天渐渐亮起来，在晨曦中，这个"魔鬼"似乎发现了隐藏在树枝后的摄像机，它对着镜头做了个鬼脸，然后消

失在一个树洞里。

小蜂鸟很快找到了那个树洞。洞口挂着一个小小的牌子，上面写着"指狐猴艾艾的家"。一阵呼噜声从树洞里传出来，一个黑乎乎的动物正用大尾巴盖着身子呼呼睡大觉呢。

"你找我有什么事？"指狐猴艾艾揉着惺忪的眼睛问小蜂鸟。

小蜂鸟看清楚了，它的脸像黄鼠狼，耳朵大大的，手指细长，尤其是中指，比其他手指长好多——它正是小蜂鸟要找的"魅影"。

"你是指狐猴？"小蜂鸟问。

"对呀，我是指狐猴艾艾，上个月刚搬来。"

"你经常夜里外出？"

"是啊，我喜欢夜间活动，白天休息。"

"你半夜三更蹲在树上敲击树干干什么？"

"噢，我那是在给树木捉虫子呢！"

"捉虫子？你不是在搞破坏？"小蜂鸟半信半疑。

"当然是在捉虫子啦！不信你去问问大树。"

艾艾把小蜂鸟带到昨晚它去的那棵大树跟前。小蜂鸟围着大树转了一圈，发现树干上有一个小洞，小洞周围有一些弯弯曲曲的被虫子蛀过的坑道。

小蜂鸟问大树："你最近有什么不舒服的地方吗？"

大树说："我身上生了一些虫子，整天又痒又痛的。但昨天夜里来了一位树医生，捉走了虫子，把我的病治好了。"

　　"我没有骗你吧！"艾艾得意地看着小蜂鸟。

　　"夜晚那么黑，你怎么能找到树干里的虫子呢？我认识的啄木鸟医生，它们都是白天给树捉虫子。"一听说指狐猴真的是树医生，小蜂鸟便来了兴趣。

　　"我不是靠视力来找虫子的，我靠的是听力。"说着，艾艾的两只大耳朵同时向各个方向转了转，就像一对小雷达，"我先用手指啪啪地敲击树干，根据敲击的回声来判断树皮下面是不是空的，里面有没有虫子。一旦确定树皮下面藏着虫子，我就用尖尖的门牙把树皮啃破，然后把钩子一样的中指伸到下面的空洞里，把藏在里面的虫子钩出来吃掉。"

"原来你就是那个为我治病的树医生啊，真是太感谢你了！"这时，大树也认出了艾艾。

现在，大家都知道了"魅影"的真相，夜里外出遇到它时，再也不觉得那么可怕了，有时，还会主动跟它打招呼呢！

丑陋的树医生

指狐猴是灵长目动物，大眼睛大耳朵，相貌丑陋，喜欢夜间活动，所以给人一种恐怖的感觉。野生指狐猴仅存在于马达加斯加岛上。或许因为它们长相丑，岛上的人认为它们是恶魔，会给人带来厄运，所以对它们进行大肆猎杀。指狐猴正面临着灭绝的危险。

其实，指狐猴是一种温和、柔弱的动物，是树木的好医生。它们常用长长的中指敲击树干，寻找里面的虫子吃。这个长手指的作用可大了，不但能伸进树洞中抠虫子，还可以掏椰壳内的果肉、够取花蜜等。另外，指狐猴的手指长有球窝关节，就像人的肩关节一样，可以使手指向各个方向弯曲，甚至可以向手背方向弯曲。指狐猴是灵长目动物中唯一利用回声定位来捕猎的物种。

猩仔找妈妈

接连破了几个大案，小蜂鸟决定外出度假放松几天。但刚收拾好行李，电话又响了。话筒里传来猩仔哭泣的声音："我的妈妈被绑架了。呜呜呜，我要妈妈……"

猩仔是红毛猩猩，今年四岁，住在加里曼丹岛的雨林里。小蜂鸟知道，一般在红毛猩猩家族中，小猩猩要和妈妈一起生活八年左右，一边跟着妈妈在森林里觅食，一边学习生活技能，直到长成青春美少女或帅小伙，才可以离开妈妈。猩仔现在才四岁，还是离不开妈妈的年龄，难怪哭得那么伤心。

小蜂鸟飞到猩仔身边时，猩仔正坐在一棵高大的棕榈树上，泪眼婆娑（suō）地望着远方，它的身边是一个大大的睡床。从它断断续续的哭诉里，小蜂鸟得知了三天前发生的事。

三天前，妈妈带着猩仔外出找吃的，一边找一边给猩仔上生活课。妈妈教猩仔用树叶折成瓢，伸进水洼里舀水喝；拿树叶当

餐巾擦嘴巴；还教猩仔用树枝铺睡床。

"这个睡床就是那天妈妈手把手教我铺的。呜——"说到这里，看着身边的睡床，猩仔忍不住又大哭起来。

哭了好一会儿，猩仔才又断断续续地讲起来。它说，它们红毛猩猩最爱吃水果，除了无花果，榴梿是它们的最爱。然而，就是榴梿，引来了妈妈被绑架之祸。

那天，就在娘儿俩找水果吃的时候，一股奇异的味道从树下飘了上来。妈妈吸吸鼻子，惊喜地叫道："榴梿！"

猩仔和妈妈循着味道找去，发现不远处的一棵树底下站着一个金发碧眼的白皮肤"猩猩"，身旁放着几个裂开口的榴梿。

"噢，那不是猩猩，那是一位人类动物摄影家！"妈妈告诉猩仔，"他应该没有恶意，只是想用榴梿引诱我们现身，给我们拍照。也许我能拿一个榴梿回来。"

妈妈把猩仔留在树上，自己跳向另一棵树，想离那人近一点儿。也许是由于紧张，它竟把着落点选在了一根细树枝上。只听咔嚓一声，树枝不堪重负，断了，妈妈随着树枝从高大的棕榈树上跌落下去。"妈妈！"猩仔紧张得大叫一声。

还好，妈妈还活着。妈妈的腿扭伤了。红毛猩猩在树上活动时，通常手脚并用，缓慢地移动，在地上行走时也是四肢着地。可是，妈妈的两条后腿扭伤了，没法支持身体爬行。猩仔泪眼汪汪地看着妈妈。却见地上那人慢慢地走过去，查看了一下妈妈的伤势，然后把妈妈背到了身上。妈妈并没有反抗。

"妈妈别走！妈妈别丢下我！"猩仔焦急地开始往树下爬。而这时，妈妈却回过头来，朝猩仔发出了吼声。猩仔听明白了，那是妈妈不让它跟去，让它乖乖地待在树上别下来，树下危险。猩仔只好伤心地看着妈妈被带走了。

"你帮我把妈妈找回来好不好？我要妈妈。呜——"猩仔又哭了起来。

从猩仔的叙述中，小蜂鸟猜测，背走猩仔妈妈的是一位动物爱好者。猩仔妈妈应该不是被绑架，而是被带到附近的猩猩保护区去了。人类为了保护濒临灭绝的红毛猩猩，在当地成立了猩猩保护区。

"他们往哪个方向走了？"小蜂鸟问。

小蜂鸟沿着猩仔指的方向飞去，不一会儿，便来到了一个有人烟的地方。它发现了一个有栅栏的院子，几只红毛猩猩宝宝正在里面玩耍。它了解到，这里是保护区中的育儿园，这些红毛猩猩宝宝都是孤儿。它们的妈妈有的在森林大火中被烧死了，有的被凶残的偷猎者打死了。

小蜂鸟找啊找，终于在一间明亮的屋子里找到了猩仔的妈妈。猩仔的妈妈静静地躺在床上，身边一位穿白大褂的人正在为它治疗。猩仔的妈妈也发现了小蜂鸟，它让小蜂鸟转告猩仔不要担心，过两天自己伤好了就会回去。

小蜂鸟长舒了一口气，赶紧飞回去把这个消息告诉了猩仔。

两天后，猩仔的妈妈回来了！猩仔兴奋得大喊大叫，妈妈搂着猩仔亲个不停，那场面太感人了。

小豆丁听得正投入时，突然，书房外传来妈妈呼唤小豆丁的声音。

"哎呀，时间过得真快！妈妈叫我了，我该去睡觉了。"小豆丁恋恋不舍地站起身。

"嗯，去吧，明天我再接着给你讲故事。"故事书温柔地对小豆丁说。

"那你告诉我，我应该做些什么？"小豆丁早已习惯按故事书的要求去做了。他知道，故事书要他做的事情肯定都是对雨林有好处的。

"洗刷碗筷时，少用洗洁精，可以用小苏打水、柠檬皮水、面汤、饺子汤等来替代。这些替代品的去污效果不亚于洗洁精，还不会污染环境。"说完，故事书像鸟儿一样飞回到书架上去了。

有妈的猩仔像个宝

红毛猩猩只生活在加里曼丹岛和苏门答腊岛的雨林里。

一般猴子一两岁就可以独立生活了，而同属灵长目的红毛猩猩却和人类的孩子一样，有着漫长的成长期。红毛猩猩妈妈八年左右才产一胎，小猩猩一直跟在妈妈身旁，直到妈妈生产下一胎。

红毛猩猩喜欢在树冠上铺睡床，每天都会在不同的大树上铺床。

它们喜欢吃水果，而且胃口惊人，一天大约一半的时间都在吃东西。

在马来语中，红毛猩猩是"森林之人"的意思。由于红毛猩猩幼崽儿与人类的婴儿近似，惹人怜爱，所以常常被当地人当作宠物来饲养。但捕捉红毛猩猩幼崽儿需要先杀死母猩猩，才能从母猩猩怀里夺走小猩猩，极为残忍。加之它们的栖息地不断缩小，生存备受威胁，红毛猩猩已濒临灭绝。

第十一天，小豆丁如约来到书房，故事书已经在书桌上等着他了。

"今天你会给我讲什么故事呢？"小豆丁问。

"今天呀，我要给你讲一讲绿色百宝园的故事。"

"绿色百宝园？是在雨林里吗？"

"当然是在雨林里啦。"

"这个绿色百宝园里都有什么宝贝？"小豆丁好奇地睁大了眼睛。

"这里的宝贝非常多，听完下面的故事你就知道了。"说着，故事书翻到了书中的一页。

001号

桫椤爷爷的恐龙餐厅

家住绿色百宝园 001 号的桫（suō）椤（luó）爷爷，是雨林里最老、最有名望的居民。

桫椤爷爷虽然已经好几百岁了，但体态依然十分优美：树干高高挺立，树冠长满了大而长的羽状复叶。桫椤爷爷的外形与它的亲戚鸟巢蕨一点儿也不像，倒有点儿像椰子树。

有一天，绿色百宝园来了几位科学家，他们望着桫椤爷爷说了好多话，但旁边的小凤梨、兰花它们只记住了一句，他们说桫椤爷爷"是古老蕨类家族的后裔（yì），是地球上的活化石"。

桫椤爷爷知道得可多了，它知道两亿多年前地球上的样子，也知道一亿多年以前恐龙长什么样。

"一亿多年前，地球上只有蕨类植物和裸子植物。像小凤梨呀、兰花呀，这样的被子植物还没有出现呢。那时，正是恐龙大家族兴旺的时候，地球上到处都是巨大的恐龙。有食肉的恐龙，也有食素的恐龙。食肉恐龙都长着大大的脑袋、粗壮有力的后肢和较短的前肢。吃素的恐龙则长着长长的脖子、小小的脑袋，还有一条细长的尾巴。"

"杪椤爷爷，您说您的祖祖祖……祖爷爷开过恐龙餐厅，给恐龙当过厨师，这是真的吗？"兰花开口了。

"当然是真的。那些食素的恐龙喜欢吃裸子植物，也喜欢把杪椤当点心吃。"

"那您再给我们讲讲恐龙餐厅的故事吧，好吗？"兰花央求道。其实，这个故事小凤梨和兰花已经听过好多遍了，但是它们总也听不厌。

于是，杪椤爷爷讲起了恐龙餐厅的故事。

"……那天，我祖祖祖……祖爷爷的恐龙餐厅刚刚开门，就觉得大地像被什么撞击了一样震动起来，周围的树木、岩石也跟着晃动起来。过了一会儿，震动停止了，一片阴影停在我祖祖祖……祖爷爷的头顶。

"我的祖祖祖……祖爷爷抬头一看，天哪，是一只哈氏梁龙！它的头和嘴都很小，脖子很长，它的身体足足有 30 米长。我的祖祖祖……祖爷爷在它面前就像小人国里的袖珍模型……" 杪椤爷爷绘声绘色地讲着，就像亲身经历过一般，小伙伴们都听得津津有味。

"'嘿，你好！杪椤大厨，请给我一份新鲜的杪椤点心！'那只恐龙对我的祖祖祖……祖爷爷说。它虽然个头儿很大，看起来有点儿吓人，但脾气很好，因为它

是一只食素的恐龙。哈氏梁龙吃完桫椤点心，咚咚咚，又一步一震地离开了……"

"那么高的哈氏梁龙，一定帅呆了。"虽然这个故事听过好多遍了，但每次听，小凤梨都会非常兴奋。

"真可惜，我们都没见过恐龙。"兰花叹了口气。

"是啊，早在6500万年前，它们就灭绝了。"桫椤爷爷也感到很遗憾。

"恐龙虽然灭绝了，但恐龙大厨的后代还在啊！我们可以帮桫椤爷爷也开个恐龙餐厅。"兰花想出一个好主意。

就这样，桫椤爷爷的恐龙餐厅开业了。餐厅装修得别具特色，有恐龙形状的餐桌和餐椅，还有高大的恐龙模型。最主要的是，来这里的客人，不仅可以品尝到恐龙喜爱的美味，还可以听桫椤爷爷讲恐龙的故事。

"原来，雨林里生活着和恐龙同时期的植物的后代啊！这个绿色百宝园里的确有宝贝。"听完第一个故事，小豆丁在心中暗想。可他觉得光有活化石还不能称为绿色百宝园。不过，他没有说什么，只是静静地看着故事书翻到下一页。

植物活化石

恐龙早在 6500 万年前就灭绝了，可现在地球上还生长着一种与恐龙同时期的植物的后代，它就是蕨类植物王国中的巨人——桫椤。桫椤又叫树蕨、大贯众、七叶树、六角辉木、龙骨风等，它是现存蕨类植物中最高大的种类，也是现存的唯一一种木本蕨类植物。

两亿年前的地球上，生长着由蕨类植物组成的热带雨林，那是地球上最早出现的森林。

一亿多年前的侏罗纪时期，恐龙是地球上的霸主。高大的树形蕨类植物——桫椤，是当时地球上最繁盛的植物，它们与恐龙一起成为爬行动物时代的两大标志。桫椤也是恐龙餐桌上的佳肴。

6500 万年前，恐龙从地球上消失了，高大的桫椤却在地球上一些温暖潮湿的地方延续生存了下来，它们被称为活化石，可用于研究古生物和地球的演变。

名医喜相聚

　　绿色百宝园医学院的百年校庆典礼上，四位名医相遇了。它们是龙血树、金鸡纳树、曼陀罗和长春花。这四位名医在医学院上学的时候是好朋友，毕业时它们相约，等到百年校庆的时候，重返母校再相聚。

　　最先来到当年教室的，是它们当中的老大——龙血树。它有4米多高，皮肤（树皮）是灰色的，头顶的"长发"（狭长的叶子）向下垂着，就像一个瘦高个儿顶了一个大大的蓬蓬头。

　　龙血树刚刚来到教室，就闻到一股熟悉的香气——那是金鸡纳树开花时特有的香气。原来，是二师妹金鸡纳树来了。金鸡纳树比龙血树矮，皮肤呈黄绿色。

　　"哟，你的头发怎么了？红一块绿一块的。你也赶时髦（máo），把头发挑染了？"一见面，龙血树就和师妹开起了玩笑。其实，它是知道的，那些红色的树叶是新长出来的嫩叶。"哟，你的头上还戴花儿！你可真爱美！

"大哥，你还是那么喜欢开玩笑。还记得当年我们第一次见面时，你是怎么介绍自己的吗？"金鸡纳树笑着提起了往事。

当年，在新生见面会上，龙血树自我介绍道："在下叫不才树。为什么叫这个名字呢？因为我树干中空，材质疏松，浑身都是窟窿，没法做房梁。就算把我点燃，也只有烟没有火，所以我连柴火也当不成。有些人觉得我百无一用，就给我起名叫不才树了。"

听完龙血树的自我介绍，大家还以为它是走了后门儿，才被医学院录取的呢。但后来，在一次活动中，龙血树受了伤，大家发现从它的伤口处流出来的液体，竟然是暗红色的，像血一样。这时大家才知道，原来不才树就是出身名医世家的龙血树。那暗红色的液体，其实是龙血树的树脂，一种叫作血竭的名贵中药。

"哈哈，那都是过去的事啦。我现在可不是不才树了，我为好多筋骨疼痛的病人解除了痛苦呢。"龙血树的话打断了金鸡纳树的回忆。

"师妹，你现在也很牛啊，都成名医了。你最拿手的是治什么病？"龙血树问道。

"瞧，大哥就是贵人多忘事，我最擅长治疗疟（nüè）疾呀。"金鸡纳树故作气恼地说。

"嘿嘿，我怎么会忘了呢，我是故意逗你呢。在咱们医学院，谁不知道呀，你们家族的树皮具有神奇的药效，是治疗疟疾的良药。"

师兄妹两个有说有笑地聊得正欢，忽然听到一串清脆的声音："哎呀呀，不好意思，我来迟了。"小妹长春花走了进来。

长春花长得娇小可爱，当年它是班里最小的，也是最爱打扮的：从春天到秋天，它的身上几乎每天都戴着几朵鲜艳的小花。

"我去给一些孩子治病了，所以来晚了。"长春花还和当年一样，说话的时候很害羞。

"没关系没关系！我们知道你现在成了大专家，专门治疗癌症和儿童急性白血病，总是很忙的。其实，你还不是最晚的，老三还没来呢。"金鸡纳树快言快语地说道。

"哈哈……是谁在说我呢？"随着一阵爽朗的笑声，老三曼陀罗走了过来。

曼陀罗当年上课时经常偷看武侠小说，被老师没收的小说足有一大摞。但每到考试，它总能得满分。现在提起这事，金鸡纳树还佩服不已呢。

"你们不知道，我那时根本不是在看小说，而是在研究麻醉药史呢。"曼陀罗说出了当年偷看小说的真相，"好多武侠小说里，都有使用蒙汗药令人失去知觉的情节。经过研究我发现，蒙汗药的主要成分就是从曼陀罗的花中提炼出来的。我还查到，三国时代的神医华佗，也是从曼陀罗的花中提炼出了最早的麻醉药——麻沸散。"

"怪不得你现在成了麻醉领域的佼佼者。"长春花不由得啧啧赞叹。

"要是这么说的话，华佗能成为麻醉药的开山鼻祖，靠的可是你们曼陀罗家族呢！"风趣幽默的龙血树大哥把大家都逗笑了。

"除了活化石，雨林里原来还有这么多神奇的药用植物呀！"听完第二个故事，小豆丁忍不住开口了。

"说到神奇的植物，还有一种更神奇的，接下来我就给你讲讲有关它的故事。"说着，故事书往后翻了几页。

天然大药房

热带雨林就像一个天然大药房，世界上大约有四分之一药物的主要成分，都来自热带雨林中的动植物。美国国家癌症研究所已经发现了大约3000种有一定抗癌作用的植物，其中2100种都生长在热带雨林中。故事中的几种植物就具有不同的药效。

龙血树的树脂，是一种名贵的中药，被称为血竭或麒（qí）麟（lín）竭，可以用来治疗筋骨疼痛，《本草纲目》里称它为活血圣药。利用金鸡纳树的树皮制成的奎（kuí）宁，是治疗疟疾的良药。曼陀罗的花是制造中药麻醉剂的主要原料。长春花的花朵，可用于制造治疗儿童急性白血病等疾病的药物。

有"魔力"的神秘果

　　住在绿色百宝园002号的是老蜜拉，它开了一个花果酒吧。虽然这个酒吧的商品比别处的贵许多，但每天来这里的顾客都会排起长龙。大家都说老蜜拉卖的水果沙拉、果汁和花蜜酒，要比别处的更香甜，就算是那些原本很青涩的水果，在这里吃起来也会变得很好吃。而且酒吧的服务非常好，凡是来到酒吧的客人，都可以免费吃一种红彤彤的小果子，那小果子的一端还长着一根小刚毛。

　　树鼩警官也是花果酒吧的常客，它最喜欢喝用一种棕榈树的花蜜调制的酒，而且酒量出了名的大。但今天，它去花果酒吧不是为了喝酒，而是去调查情况。树鼩警官收到一封匿名举报信，信中说老蜜拉以次充好，让客人饮用劣质的酒水，还用青涩的水果做沙拉，挣黑心钱。

　　树鼩警官偷偷来到酒吧的后门，悄无声息地跳进酒吧的后院。

院子里长满了两三米高的灌木，枝头挂着一些小浆果。这些小浆果红红的，只有花生米大小，每个"花生米"的尾端还长着一根小刚毛。

树鼩警官又来到花果酒吧的仓库，发现里面堆满了没有商标的果汁和花蜜酒，尝了尝，又苦又涩。

树鼩警官来到厨房，找到正在忙碌的老蜜拉："有居民举报你以次充好，高价出售劣质的酒水和沙拉。"

"我可是守法的雨林公民，怎么会做这种事呢？肯定是一场误会。您先吃点儿水果，我做完这份沙拉就接受您的调查。"老蜜拉虽然一脸委屈相，但还是很配合树鼩警官的工作。

老蜜拉拿给树鼩警官的水果，小小的，红红的，像花生米一样，上面还长着一根小刚毛，和院子里那些灌木上长的小红果一样。

树鼩警官拿起一颗小红果丢进嘴里，心里暗想："我倒要看看你能耍什么花招！"

　　老蜜拉做完水果沙拉，叫来服务员小蜜拉："快给三号桌送去！"然后，它来到树鼩警官面前说："我觉得这肯定是一场误会。我带您到仓库去，您随便检查。"

　　树鼩警官跟着老蜜拉来到仓库，老蜜拉从罐子里盛了一杯花蜜酒，让树鼩警官品尝。

　　太奇怪了，那些花蜜酒刚才喝的时候，明明是又苦又涩的，怎么现在喝起来却甜美无比？树鼩警官的眉头拧成了一个疙（gē）瘩（da）。

　　一抬头，树鼩警官看到小蜜拉躲在厨房窗边，一只手举着一颗小红果，另一只手指了指院子里的灌木丛。

　　聪明的树鼩警官一下子明白了小蜜拉的意思。

　　它不动声色，趁老蜜拉不注意，悄悄摘了几颗小红果，藏进口袋里。

几天后，树鼩警官拿着一张检验报告来到老蜜拉的酒吧。事情调查清楚了，秘密就在院子里那些小红果上。并不是老蜜拉的厨艺高超，而是老蜜拉院子里那些小红果有"魔力"。这种小红果叫神秘果，它的果肉里含有一种奇特的物质，能改变人的味觉，吃了以后，人在短时间内吃任何酸的、辣的、苦的或涩的东西，都会感觉甜蜜无比。

那些来花果酒吧的顾客，都吃了老蜜拉送的神秘果，所以它们再吃酸辣苦涩的东西，就会觉得甜美无比。服务员小蜜拉无意间发现了老蜜拉的秘密，它劝老蜜拉不要再骗人了，可老蜜拉根本不听。不得已，小蜜拉才给树鼩警官写了那封匿名举报信。

骗人的老蜜拉被抓了起来，它的花果酒吧也关门了。

"雨林里竟然有能改变味觉的神秘果，真是太神奇了！"小豆丁发现今晚故事书讲的故事一个比一个有趣。"虽然老蜜拉利用神秘果的'魔力'来骗钱不好，但是要能利用神秘果的'魔力'做些对人类有益的事就好了。"

"早就有人这么想了。比如，有人想利用神秘果的'魔力'，帮助喜欢吃甜食的糖尿病患者，这样既可以让他们解馋，又不会损害他们的身体。对了，你喜欢吃甜品吗？"

"喜欢啊！蛋糕、巧克力、冰淇淋等各种甜品，我都喜欢！"一说到吃的，小豆丁马上兴奋起来。

"那我就给你讲讲和甜品有关的故事吧。"

小甜品的香薰师

狂欢节快到了，许多外出工作的居民陆陆续续回到了绿色百宝园。最先回来的是香草姑娘，它在城里的甜品屋做小甜品们的香薰（xūn）师。

香草姑娘的腰身非常柔软，它的手上拿着一根巧克力色的魔法棒。这根魔法棒会散发出浓郁的甜香味，凡是被它点过的食物和饮料，立刻会变得很香。

奶油蛋糕、曲奇、乳酪面包、泡芙、冰淇淋、巧克力等小甜品，都是香草姑娘的粉丝。

狂欢节前几天，香草姑娘回绿色百宝园去探亲，甜品屋的小甜品们都变得闷闷不乐。

"好无聊啊。"香草奶油泡芙叹了一口气。

"是啊，一点儿精神都没有了。"躲在冰柜里的香草冰淇淋也打了一个哈欠。

"我开始想念香草姑娘了。"说话的是柠檬蛋挞（tǎ），"是香草姑娘让酸酸的我变甜了。"

"我也是。在我诞生的过程中，如果没有香草姑娘来施展魔法，我的味道绝对不会像现在这么好。"奶油蛋糕也十分想念香草姑娘。

　　"虽然我是大名鼎鼎的巧克力，但你们可能不知道，我能由内到外散发出诱人的香味，靠的也是香草姑娘的魔法。"连平时有些孤傲的巧克力，也忍不住和大家一起说起了香草姑娘。

　　"没有了香草姑娘，我们这些小甜品怎么能称得上完美的小甜品呢？"乳酪面包说出了大家的心声。

　　"说得对！香草姑娘回到了绿色百宝园，我们可以去那里找它呀！"小曲奇的提议，得到了大家的一致赞同。

　　就这样，小甜品们来到雨林，找到了绿色百宝园003号——这是香草姑娘临走时留给它们的地址。

003号　梵尼兰的家

　　可是，当小甜品们站在003号门前时，都傻眼了，因为它们看到门牌上写的是"梵尼兰的家"。这是怎么

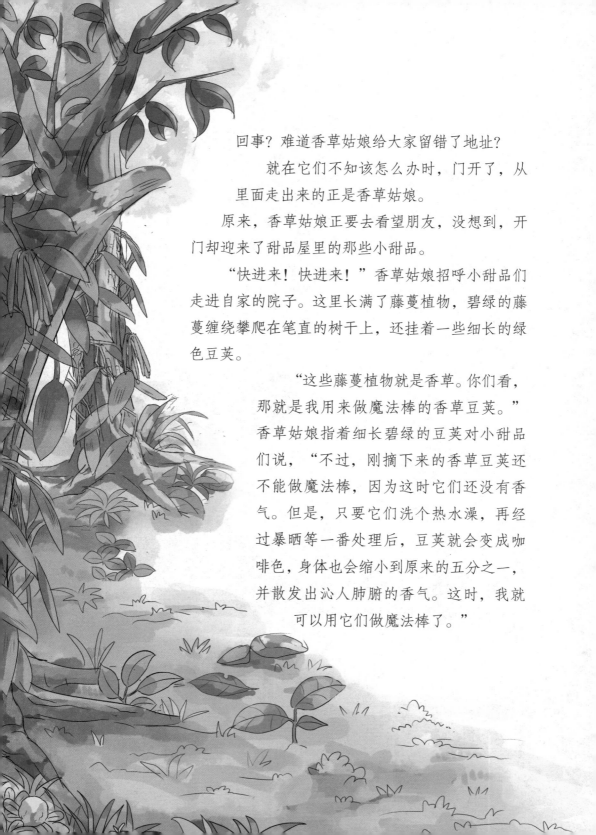

回事？难道香草姑娘给大家留错了地址？

就在它们不知该怎么办时，门开了，从里面走出来的正是香草姑娘。

原来，香草姑娘正要去看望朋友，没想到，开门却迎来了甜品屋里的那些小甜品。

"快进来！快进来！"香草姑娘招呼小甜品们走进自家的院子。这里长满了藤蔓植物，碧绿的藤蔓缠绕攀爬在笔直的树干上，还挂着一些细长的绿色豆荚。

"这些藤蔓植物就是香草。你们看，那就是我用来做魔法棒的香草豆荚。"香草姑娘指着细长碧绿的豆荚对小甜品们说，"不过，刚摘下来的香草豆荚还不能做魔法棒，因为这时它们还没有香气。但是，只要它们洗个热水澡，再经过暴晒等一番处理后，豆荚就会变成咖啡色，身体也会缩小到原来的五分之一，并散发出沁人肺腑的香气。这时，我就可以用它们做魔法棒了。"

"看，这就是处理好的香草豆荚。"不知什么时候，香草姑娘手中多了一根咖啡色的豆荚，和它平时用的魔法棒一模一样。

　　"香草豆荚不仅可以给甜品增加香气，还可以提升蛋白质的香味，使食品本身的香气更醇厚柔和。"说着，香草姑娘把手中的豆荚递给了小甜品们。大家凑上去，果然闻到了诱人的香甜味。

　　"为什么你家门口的牌子上写的是梵尼兰，而不是香草呢？"巧克力说出了大家心里的疑问。

　　"梵尼兰是我的另一个名字哦。"

　　这时巧克力忽然听到有人在叫自己的名字。它抬头一看，原来是住在隔壁的可可太太。

　　巧克力觉得可可太太的声音非常熟悉，而且它有一种很奇特的感觉，觉得自己的身世和可可太太有关，但究竟有什么关系，它想不起来了。

　　巧克力只记得自己是由一些小豆子变来的，那些小豆子是棕色的，散发着浓郁的芳香。但小豆子是怎么来的，它一点儿也想不起来了。

　　可可太太刚才就听到香草园里有巧克力的声音，起初它还以为自己听错了呢。结果，透过篱笆，它果然在小甜品中发现了巧克力。

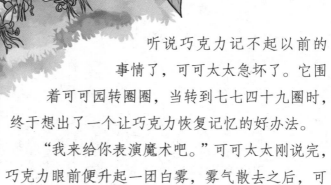

听说巧克力记不起以前的事情了，可可太太急坏了。它围着可可园转圈圈，当转到七七四十九圈时，终于想出了一个让巧克力恢复记忆的好办法。

"我来给你表演魔术吧。"可可太太刚说完，巧克力眼前便升起一团白雾，雾气散去之后，可可太太消失了，它原先站的地方出现了一棵树，树上长满了椭圆形的叶子。

"我是可可树。"这棵树开口说话了，"我的个子不是很高，这样我就可以躲在大树下面，不会被太阳晒枯萎了。等我满五岁以后，就会开花结果。"可可树伸了伸腰身，眨眼间树上便开满了数不清的小花。这些花不是开在细嫩的枝条上，而是开在树干和那些粗壮的老茎上。

可可树的花生长的位置很特别，这是雨林植物特有的一种现象——老茎生花。花开在没有叶子的树干和老茎上很醒目，容易吸引昆虫来传授花粉。

"我的花虽然很多，但只有很少一部分能结出可可果。而且，花朵授粉后，要经过六个月左右，结出的可可果才会成熟。"可可树一边说一边摇了摇身子，转眼间，它的树干、粗枝条上就挂满了金黄色、橘红色的纺锤形的可可果。

忽然，不知从哪儿跑来一只松鼠猴，爬到树上摘下一个可可果，试探着咬了一口。当它咬到种子时，撇了撇嘴，肯定是种子太难吃了，它马上把可可果扔到了地上。

可可果落到地上的一刹那，巧克力眼前又升起一团白雾。雾气散去之后，可可树消失了，松鼠猴也不见了，只剩下那个被咬破的可可果。

"我是可可果，是用来制作巧克力的主要原料……"可可果一边唱，一边跳起了踢踏舞。

"你说得不准确，我们可可豆才是制作巧克力的主要原料。"一颗颗小豆子从可可果里钻了出来。乳白色的小豆子们脱掉了外套，但只一会儿工夫，就都变成了淡紫色。

"巧克力，你现在想起什么来了吗？"一颗淡紫色的小豆子问巧克力。巧克力茫然地摇了摇头。眼前这些小豆子是淡紫色的，并不是棕色的，闻上去也没有浓郁的香气，和巧克力记忆中的小豆子不一样。

"不用着急，不用着急！休息，休息一会儿就好了。"小豆子的话既像是对巧克力说的，又像是对自己说的。说完，它便和其他小豆子一起钻到落在地上的一片大叶子下面，呼呼睡起觉来。

不知过了多久，叶子飞走了。再看下面的小豆子，它们都已经变成了深棕色，和巧克力的颜色几乎一模一样。这时，巧克力闻到了一股熟悉的芳香，和自己身上的气味一样。

巧克力高兴得跳了起来，哦，它认出来了，自己就是由这样的小豆子制成的！现在，它全想起来了，想起了自己变成巧克力之前的事情。

就在巧克力跳起来的一刹那，棕色的可可豆们消失了，可可太太重新微笑着出现在巧克力面前。巧克力亲热地拥抱了一下可可太太。原来，可可太太的孩子，就是制造巧克力的原料啊！

"没想到巧克力的原料是这样变来的。"听完这个故事，小豆丁特别兴奋。

"不仅制作巧克力的主要原料最初来自雨林，制作口香糖、可口可乐的主要原料，最初也都来自雨林。还有好多好吃的水果、坚果也都出产于雨林。"说着，故事书又往后翻了几页。

果果总动员

　　狂欢节马上就要到了，绿色百宝园果果小学水果班和坚果班的同学们又要展开一场较量了。

　　以往狂欢节的时候，学校都要举办狂欢派对。说是派对，其实就是一场美食大比拼，看哪个班拿出的美食最多。每到这时，两个班的果果们都会齐上阵，想方设法取得胜利。

　　水果班的同学仗着果多势众，每次都大胜而归。因为雨林里许许多多植物都会结出好吃的果子，像柠檬、杜果、香蕉、菠萝、番木瓜、牛油果、波罗蜜，等等，多得数都数不过来。

　　可是坚果班的同学呢，多是一些没有名气的坚果，稍有些名气的，只有鲍鱼果和澳洲坚果。鲍鱼果的父母是亚马孙雨林里最高的树之一，被称为雨林中的巨无霸，非常有名。澳洲坚果家族则因为含油量高，口感香酥嫩滑，被誉为"干果之王"。

　　每次为了在美食大比拼中获胜，鲍鱼果和澳洲坚果都绞尽脑汁，变着花样地做出各种口味的果仁。但它们的作品与水果班的比起来，还是十分逊色。

　　就在狂欢节前夕，坚果班来了一个长相很怪的新同学。它看起来就像一个普通的黄苹果，可奇怪的是，它的一端长有一个肾形的硬硬的小尾巴。

　　"大家好，我，我叫……腰……"新来的同学有点儿紧张，它的话还没说完，就被傲慢的鲍鱼果打断了。

　　"你不就是长着小尾巴的黄苹果吗？你是不是走错班了？你应该去隔壁的水果班！"

　　"是校长让我来这里的。""黄苹果"小声辩解道。

　　"肯定是水果班里没有空位子了，校长才把这个怪家伙安排到我们班。"坚果班的同学们议论纷纷，大家都不太喜欢这个新来的同学。

在接下来的班会上，老师让同学们谈谈自己的理想。

外形像鲍鱼的鲍鱼果说，它想成为坚果界的巨无霸。身体圆溜溜、浑身散发着奶油香味、长得像乳酪球的澳洲坚果，说它想开家专卖店，卖各种奶油味的小食品。轮到长尾巴的"黄苹果"发言了，它说自己的理想是开一家全球最大的果果店，既卖水果，又卖坚果。

听到这里，其他同学七嘴八舌议论开了。

"真是不知天高地厚的家伙，净说大话！"

"就凭它这么个'黄苹果'，能开个小小的水果店就不错了。"

"这家伙，个头儿不大，口气可不小！"

听到大家的议论，"黄苹果"只是笑了笑，并不在意。

狂欢节派对就在眼前了，放学后，坚果班的同学们聚在一起商量参赛方案。

"这次我们一定要想办法胜过水果班！"鲍鱼果首先发言。

"要不，我们也准备几盘果子吧。我的'黄苹果'柔软多汁，酸酸甜甜的，很好吃。"说话的正是"黄苹果"同学。

"不行！"鲍鱼果断然否定了"黄苹果"同学的提议，"再好吃，也不能用这个参赛！我们接连几年输掉比赛，已经够丢脸的了。如果我们再端上几盘水果参赛，水果班的同学准会笑掉大牙！"

"就是！这次美食大比拼，你干脆别参加了，要不人家还以为我们请了水果班的做外援呢！"澳洲坚果也附和道。

"说到外援，我倒想出个主意，我们可以去农作物班请水稻和玉米同学帮忙啊！"还是鲍鱼果点子多。

"请水稻和玉米？"澳洲坚果一时没有明白鲍鱼果的意思。

"对呀，我们请来水稻和玉米，可以……"鲍鱼果对澳洲坚果耳语了几句，澳洲坚果的脸上露出了会心的笑容。

狂欢节派对终于开始了，各班纷纷端出精心准备的美食。不一会儿，水果班那边的餐桌上就摆满了形态各异、五颜六色的新鲜水果。再看坚果班那边的

餐桌，和往年参赛的情况差不多，除了鲍鱼果和澳洲
坚果的果仁以外，就是一些不知名的坚果的果仁了。

不过，仔细看，会发现餐桌上多了两盘往年没有出现过的
东西。

水果班的同学们凑近去看，才看清楚那是什么东西，但它们
很快就大笑起来，笑得腰都直不起来了："哈哈，爆大米花和爆
玉米花！这些也算你们班的作品吗？"

"当然算了！所有水分少、口感硬的果实，都可以算作我们
班的。你能说大米和玉米粒不硬吗？"澳洲坚果不仅脑筋快，口
才也出奇的好。

"你可真能狡辩。我看，你们别叫坚果班了，干脆叫硬果班
得了。"

　　水果班同学的话，让坚果们的脸上直发烧。它们看着自己这边冷冷清清的餐桌，开始有点儿后悔：要是让"黄苹果"同学来参赛就好了，说不定它能准备一些像样的参赛食品呢。

　　就在这时，"黄苹果"同学真的出现了，它还提着一个大包袱。只见它从包袱里变戏法似的拿出一个个盘子，每个盘子上都摆满了弯弯的"花生米"。

　　"这是什么？"鲍鱼果看着这些弯弯的"花生米"，觉得有些眼熟。

　　"这些是腰果仁。有盐焗（jú）的，有油炸的，还有奶油的，

大家快来尝尝吧！""黄苹果"同学热情地招呼大家。

鲍鱼果拿起一颗腰果仁放到嘴里。水果班的同学也涌过来。哇，酥酥的、脆脆的、香香的，有点儿像花生，但比花生好吃多了。

"腰果仁是什么东西？"杧果同学问。

"腰果仁就是腰果树的种子呀，是一种好吃的坚果。""黄苹果"微笑着对大家说。

"你从哪儿弄来这么多腰果仁？"番木瓜同学问。

"我去找我父母要的呀。""黄苹果"同学一脸的得意。

"你父母？难道你就是小腰果？"还是澳洲坚果脑子转得快，它早就听说过坚果明星——腰果了。

小腰果重重地点了点头。

"可是，你的腰果仁在哪儿呢？"菠萝同学上下打量起小腰果来。

"在我的小尾巴里藏着呢。"小腰果骄傲地说。

"难怪我觉得这些腰果仁的形状有点儿眼熟。可是，腰果仁既然是腰果的种子，怎么会长在果实外面呢？水果班那些水果的种子，都是长在水果里面的。"鲍鱼果说出了心里的疑问。

"噢，我看起来像黄苹果的那部分，其实不是真的果实，而是膨大的肉质花托，植物学家把它叫作假果。我肾形的小尾巴，才是真正的果实。你们可能都注意到了，我的小尾巴表面有一层硬硬的、油油的外壳，只要把这层外壳去掉，就能看到里面的腰果仁了。生鲜的腰果仁经过烘干、炒制，就会变得非常好吃。"

香脆味美的腰果仁，让坚果班在美食大比拼中占了上风。小腰果一时间成了学校里的大明星。

"哇，没想到我喜欢吃的很多水果、坚果，竟然都产自雨林！"听完这个故事，小豆丁变得更加兴奋了，他彻底喜欢上了雨林。

　　"雨林里的宝贝可远不止这些，人们用到的很多东西，比如橡胶和一些木材，也都来自雨林。不过，接下来我要讲的是两种能源植物。"说完，故事书慢慢翻到下一页，继续讲了起来。

绿色美食堡

　　热带雨林是世界上面积最大的森林，它就像一个巨大的宝库。我们熟知的一些农作物，如水稻、玉米、甘蔗等，都起源于热带雨林。很多风味独特的热带水果和坚果，也都来自热带雨林。

　　故事中讲到的鲍鱼果，也叫巴西坚果、巴西栗，原产于南美洲的热带雨林。鲍鱼果中含有大量对人体有益的不饱和脂肪酸。澳洲坚果也叫夏威夷果，原产于澳大利亚的昆士兰州和新南威尔士州。它的果仁香酥滑嫩，非常可口，有独特的奶油香味。澳洲坚果的果仁还可用于制作糕点、巧克力、食用油、化妆品等。腰果仁营养丰富，除含大量脂肪和蛋白质以外，还含有多种维生素及锌、钙、铁等微量元素，生吃熟吃都可以。

油王争霸

在绿色百宝园的狂欢节派对上，还有一个传统比赛项目——油王争霸。凡是有点儿"油水"的植物，都可以参加角逐。几十年前，油棕前来参赛，它一路过关斩将，战胜了所有选手，成了雨林中的油王。

后来，它还代表雨林中的植物，参加世界植物油王争霸赛，也一举夺冠，获得了世界油王的称号。

油棕身材魁梧，枝叶繁茂，既像巨大的遮阳伞，又像粗壮的椰子树，因此它也被人们称为油椰子。

"世界油王非我莫属，花生、大豆、芝麻等这些产油植物，和我根本没法比，我看它们根

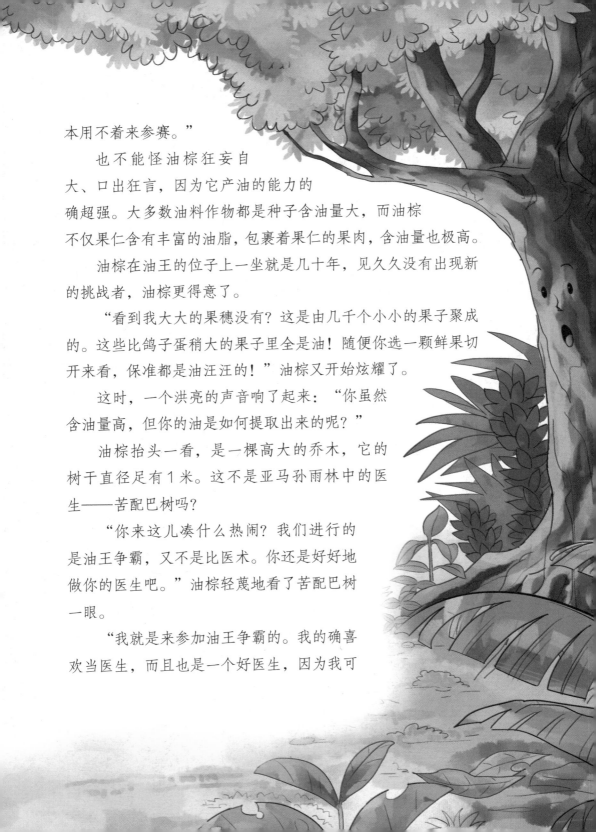

本用不着来参赛。"

也不能怪油棕狂妄自
大、口出狂言，因为它产油的能力的
确超强。大多数油料作物都是种子含油量大，而油棕
不仅果仁含有丰富的油脂，包裹着果仁的果肉，含油量也极高。

油棕在油王的位子上一坐就是几十年，见久久没有出现新
的挑战者，油棕更得意了。

"看到我大大的果穗没有？这是由几千个小小的果子聚成
的。这些比鸽子蛋稍大的果子里全是油！随便你选一颗鲜果切
开来看，保准都是油汪汪的！"油棕又开始炫耀了。

这时，一个洪亮的声音响了起来："你虽然
含油量高，但你的油是如何提取出来的呢？"

油棕抬头一看，是一棵高大的乔木，它的
树干直径足有1米。这不是亚马孙雨林中的医
生——苦配巴树吗？

"你来这儿凑什么热闹？我们进行的
是油王争霸，又不是比医术。你还是好好地
做你的医生吧。"油棕轻蔑地看了苦配巴树
一眼。

"我就是来参加油王争霸的。我的确喜
欢当医生，而且也是一个好医生，因为我可

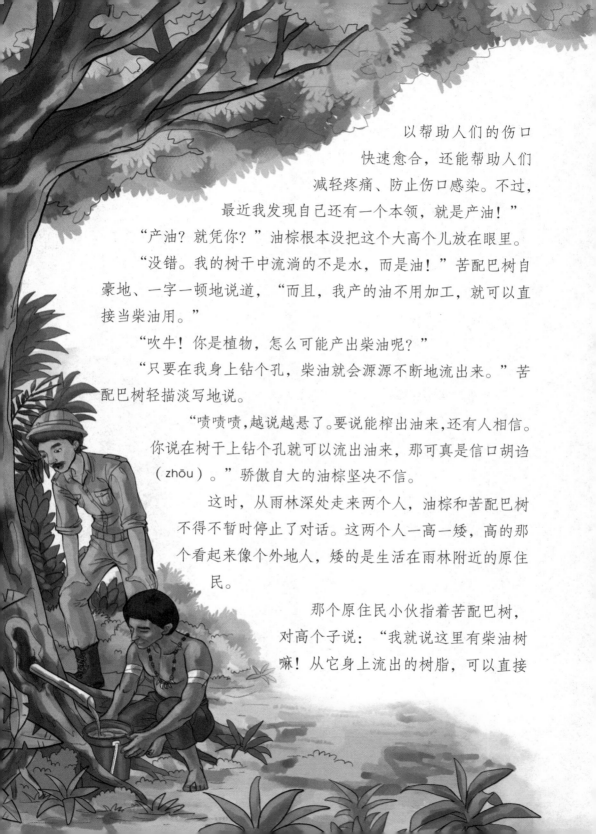

以帮助人们的伤口
快速愈合，还能帮助人们
减轻疼痛、防止伤口感染。不过，
最近我发现自己还有一个本领，就是产油！"

"产油？就凭你？"油棕根本没把这个大高个儿放在眼里。

"没错。我的树干中流淌的不是水，而是油！"苦配巴树自豪地、一字一顿地说道，"而且，我产的油不用加工，就可以直接当柴油用。"

"吹牛！你是植物，怎么可能产出柴油呢？"

"只要在我身上钻个孔，柴油就会源源不断地流出来。"苦配巴树轻描淡写地说。

"啧啧啧，越说越悬了。要说能榨出油来，还有人相信。你说在树干上钻个孔就可以流出油来，那可真是信口胡诌（zhōu）。"骄傲自大的油棕坚决不信。

这时，从雨林深处走来两个人，油棕和苦配巴树不得不暂时停止了对话。这两个人一高一矮，高的那个看起来像个外地人，矮的是生活在雨林附近的原住民。

那个原住民小伙指着苦配巴树，对高个子说："我就说这里有柴油树嘛！从它身上流出的树脂，可以直接当柴油用。有了它，你的车子就可以重新发动起来了。"

原住民小伙走到苦配巴树跟前，在它的树干上钻了一个孔，然后往孔里插了一根管子，在管口下方放了一个桶。透过透明的管子，油棕看到从苦配巴树身上流淌出了清澈的树脂，不一会儿就流满了一小桶。

原住民用泥巴将苦配巴树身上的小孔封好，拎起桶和高个子走了。不一会儿，远处隐隐传来了汽车发动机的突突声。

这一下，油棕彻底没了傲气，只得将油王的桂冠让给了苦配巴树。

"哇，雨林真是名副其实的绿色百宝园，这里有那么多好吃的，有很多可供人们使用的木材、药材，还有能直接流出'油'的神奇植物，真是太棒了！"现在，小豆丁更加热爱雨林了。

"你说得没错，雨林就是一个巨大的绿色百宝园。可惜的是，现在这个百宝园正在变小。"说到这里，故事书停了下来，它的脸上露出痛苦的表情。

"你怎么了？是不是累了？"小豆丁看出了故事书的异样。

"嗯，是有些累了。今天我们就先讲到这里吧，明晚我再接着给你讲故事。"故事书低声对小豆丁说。

"需要我做些什么，你明天才能给我讲故事呢？"

"喝完饮料，别把空饮料瓶随手丢掉，把它们洗干净晾干后，可以用来盛放坚果、大米、豆子等，也可以给它们配上喷嘴，用来浇花。"说完，故事书像病鸟一样，缓缓地飞回到书架上。

第十二天，小豆丁早早地来到书房，没想到，故事书已经在书桌上等着他了。

"你的身体好些了吗？"小豆丁关切地问。

"嗯，睡了一觉好多了。"

"那你今天还能给我讲故事吗？"

"没问题，今天我准备给你讲搭档的秘密。"

"热带雨林里也有搭档吗？"

"当然有啦！热带雨林里的许多生物之间都存在着共生关系，它们互帮互助，互惠互利，组成了各种各样的搭档，它们之间发生了很多很多故事。"

"真的吗？快，都讲给我听！"

"就知道你会这么说，那我就都讲给你听吧！"说罢，故事书翻开书，讲了起来。

相思树的小保镖

在哥斯达黎加的雨林里，一只小蚱蜢发现了一棵相思树。这棵相思树与别的相思树不太一样，虽然它的叶子和别的相思树的没什么两样，也是羽状复叶，但它的枝条上竖着许多膨大的像牛角一样的刺。

直觉告诉小蚱蜢，这棵树的叶子肯定很好吃。

可是，一只有经验的老蚱蜢告诉它："你还是不要打那棵相思树的主意。虽然它的叶子不苦不涩，也没有毒，但它有一群小保镖，你是惹不起的。"

小蚱蜢偏偏不信这个邪，它跳到相思树的叶子上，准备饱餐一顿。突然，从那些牛角刺中涌出一些小蚂蚁，将它团团围住，对它开口就咬。

"哎哟！哎哟！你们干吗咬我？"小蚱蜢大叫道。

"干吗咬你？这是我们保护的树，你不能来吃它！"蚂蚁们气势汹汹地回答道。

"你们保护的树？你们是动物，它是植物，为什么要保护它？"

　　"哈哈，不知天高地厚的小蚱蜢，还敢问为什么。看在今天本队长心情好的分上，我就让你知道知道为什么。"领头的兵蚁队长下令松开了小蚱蜢。小蚱蜢趁机跳到了另一棵树上。

　　"你是不是很想知道，我们为什么那么尽职尽责地保护这棵相思树？告诉你，是因为这棵树对我们好！"

　　"它对你们好？怎么个好法？"小蚱蜢很奇怪。

　　"它为我们提供住房啊！看到那些牛角刺没有？那就是相思树送给我们的公寓，住在里面可舒服了，风吹不着雨打不着。"兵蚁队长指着树枝上的"牛角"对小蚱蜢说，"在那些刺还是绿色的时候，一些工蚁就在每个刺尖上咬开一个小孔，钻进去把它们挖空，当作我们的巢穴。那个最大的牛角刺是我们蚁后的宫殿，它在里面产卵，工蚁负责喂食和照料它；旁边那些小点儿的是育婴房，蚁后产下的卵都被运送到那里孵化，孵化出的小蚂蚁也在那里发育成长；剩下那些牛角刺就是我们工蚁、兵蚁的宿舍了。"

　　"光给你们提供住处，你们就甘心整天给它当保镖吗？"小蚱蜢对它们嗤（chī）之以鼻。

"哪里呀，这种相思树不光为我们提供住房，还为我们提供好吃的呢！你知道它为我们准备了什么好吃的吗？说出来馋死你！是奶糕和蜜汁饮料！"兵蚁队长炫耀地说。

"什么奶糕？"小蚱蜢从小到大没有吃过奶糕。

"你看到那些挂在叶子尖上、米粒大小的橘黄色小豆豆了吗？它们就是相思树专门为我们准备的奶糕。这些奶糕富含蛋白质、脂肪和维生素，是我们最主要的营养来源。它们还很适合给幼蚁吃，只要把奶糕放到蚁宝宝的嘴边，蚁宝宝想吃的时候一低头就可以吃到。"

"那蜜汁饮料是什么？"小蚱蜢咽了咽口水。

"就在叶柄那里。相思树知道我们蚂蚁喜欢喝蜜汁，于是在枝叶间设置了好多'蜜站'——就是那些小圆包，并通过枝叶里的管道把蜜汁运送到站上。相思树会24小时不间断地为我们提供蜜汁，我们想喝的时候只要爬过去吸就行了。

"相思树对我们这么好，你说我们能不对它好吗？所以呀，作为回报，我们就当起了它的小保镖。我们小心翼翼地守护着它，驱赶任何来伤害它的动物。"兵蚁队长越说越来劲儿。

这时，一只巡逻兵蚁爬了过来："报告队长，相思树西区Ａ座３号树枝上发现一根不明藤蔓。"

"火速去把它咬断！"兵蚁队长一声令下。兵蚁们纷纷冲到那根藤蔓上，利用尖锐的颚一阵猛咬。不一会儿，那根藤蔓就被咬断，脱落到树下。小蚱蜢看得目瞪口呆。

"怎么样，我们这些小保镖厉害吧？我们不仅要及时阻止食草动物咬食相思树，还要消除周围植物对相思树的威胁。你是知道的，在雨林里，可以说是'一寸空间一寸金'，植物们每天都在上演着空间争夺战。不过，只要有我们在，我们家的相思树就没有这方面的烦恼。凡是想往它身上爬的藤蔓和想在它周围安家的小树苗，统统会被我们消除掉。"兵蚁队长自豪地说。

现在，小蚱蜢知道蚂蚁们为什么那么卖力地做相思树的小保镖了。

"有保镖的相思树果真惹不起啊！嗯，如果有一棵植物对我这么好，我也会卖力地去保护它。"小蚱蜢不禁有些羡慕起小蚂蚁来。

榕树的小红娘

榕树开花了，它发布了急聘虫虫红娘为它授粉的广告。

一群花蝴蝶飞来了，它们瞪着大眼睛找了半天："你的花在哪儿呢？"

青果子模样的榕树花不好意思地说："我就是呀！"

"这也叫花？真是太奇怪了，哪有一点儿花的模样！我们蝴蝶可是有品位的红娘，只喜欢为颜色鲜艳、香味浓郁的花授粉。你既不漂亮，又没有浓郁的香味，我们才不为你服务呢！"说完，蝴蝶们飞走了。

　　嗡嗡嗡，一群小蜜蜂飞来了："是你要找红娘吗？咦，你都结果子了，为什么还要招聘红娘？"

　　"那不是我的果子，那是我的花。"榕树难为情地说，"我的花长得是怪了一点儿。"

　　"噢，老天爷，这可不是怪了一点儿，你的花是我们见过的最怪异的花。这真的是花吗？我怎么看不到花瓣和花蕊呀？"

　　"这些青绿的果子真的是花。它们实际上是由众多花朵构成的花序，花朵都密密麻麻地长在花序的内壁上，从外边看不到。所以，大家习惯叫它们无花果、榕果。你看到果子顶端的小孔没有？从那里钻进去就可以看到里面的花朵了。"

　　"可是，那个孔太小了，我们钻不进去啊！"小蜜蜂们也飞走了。

　　"唉，它们都不肯做我的红娘。"榕树很失望。这时，它觉得身上有点儿痒，四处一看，发现几只蚂蚁样的小飞虫落在了一枚果子上，它们都拖着个纤细的长尾巴。

　　"是你要找红娘吗？"小飞虫们问。

　　"长尾巴、会飞的小蚂蚁，你们也能做红娘吗？"这棵榕树

是第一次开花，还不知道为自己授粉的红娘长什么样呢。

"我们不是蚂蚁，我们是榕小蜂。那不是我们的尾巴，是我们的产卵器，我们是一群快要产卵的蜂妈妈，是专职红娘。"

"那你们愿意做我的红娘吗？"榕树试探着问。

"当然愿意了，我们就是专门来为你授粉的啊！看，我们还带来了另外一棵榕树的花粉呢！"果真，榕小蜂胸腹部的两个花粉筐里，都装满了花粉。

"那就快帮我授粉吧！"榕树高兴极了。

榕小蜂妈妈们蜂拥而上，各自找了一枚榕果钻进去。一钻进果子里面，就忙着授粉。榕果里的雌花有两种，一种是长柱雌花，另一种是短柱雌花。榕小蜂妈妈们先用前足上的一对花粉刷，把身上的花粉刷到长柱雌花的柱头上；然后用细丝般的产卵器，小心翼翼地将卵产在短柱雌花的子房里。蜂妈妈们知道，那些短柱雌花，是榕树特意为它们准备的育婴房。

"谢谢你为我的孩子提供这么好的发育成长环境。"一个蜂妈妈感激地说。

"你太客气了，我应该感谢你们才对。是你们帮我传授了花粉，让我可以结出种子。"榕树同样很感激蜂妈妈。

榕小蜂的卵在榕果里发育，破卵而出的榕小蜂宝宝们也在榕果里成长，而榕小蜂妈妈将在这里度过它的最后时光。

时间过得真快，三个月过去了，榕果的种子成熟了，聚生在榕果里的雄花也开放了。在雄花开放的那一天，新一代榕小蜂也长成了。首先长成的是雄蜂，它们没有翅膀；之后，带有翅膀的雌蜂也发育成熟。新一代榕小蜂们在榕果里举行了集体婚礼。婚后，榕小蜂新娘们要飞出家门，而那些没有翅膀的雄蜂，则要永远地留在榕果里。

临走时，一个榕小蜂新娘对榕树说："在离开之前，我们可以带走一些你的花粉吗？"

"当然可以。我的雄花开得正旺盛，花粉多着呢，你们尽管拿。"榕树大方地说。

榕小蜂新娘们各自用花粉刷收集了满满两筐花粉，然后钻出了榕果。

榕树知道，这些新一代榕小蜂妈妈，会像它们的妈妈那样，去寻找新的榕果做自己孩子的育婴房。不过，在产卵之前，它们同样会送给新房东一份厚重的见面礼——两筐花粉。

"这对搭档，可以说是相依为命啊！"小豆丁说。

"是啊！接下来，我给你讲一对比较另类的搭档。你还记得那只叫摩西的小树鼩吗？就是住在加里曼丹岛上的那只小树鼩，还有那株开糖果店的劳氏猪笼草。下面这个故事就发生在它们身边。"

知识板块

相依为命的好搭档

故事中所说的榕树，人们习惯上称它为无花果树。榕树是榕属植物的总称，全世界约有800种。它们是陆地上唯一具有隐头花序（花生长在果实里面，从外面看花和果实是分不出来的）的木本植物，是热带雨林里的重要树种。它们的果实呈椭球状或梨状，顶部有一个小孔，果实内部长有雄花和雌花。一些特殊的小蜂会从小孔钻入，把身上携带的花粉传授给雌花，之后在果内产卵。幼虫在果内发育成成虫之后雌雄交配。交配后，雄虫会在果内挖一个通道让雌虫钻出去，自己则在果内死去。雌虫带着受精卵和果子的花粉钻出去后，会钻入另一枚榕果，产卵后死去，重复生命的循环。

榕树和榕小蜂是世界上目前所知的最为密切的一对搭档。它们互帮互助，相依为命，缺一不可。没有榕小蜂，榕树就不能结出果实；没有榕树，榕小蜂就无法延续后代。

蝙蝠的瓶子旅馆

　　小树鼩摩西发现，不知道什么时候，劳氏猪笼草旁边又长出了一株猪笼草。这天，摩西正坐在马桶上吃糖果，就听两株猪笼草聊开了。

　　"老弟，看起来，你也不是那种擅长捕捉昆虫的猪笼草呀。"开糖果店的劳氏猪笼草说。

　　"是呀是呀。老兄，你的眼力可真好。我是瓶子特别长的莱佛士猪笼草，你就叫我长瓶子吧。你看我，不仅缺乏吸引昆虫的鲜艳色彩，还不会散发昆虫喜欢的气味，瓶子里的消化液也很少，就算昆虫进来了，也很容易逃脱。所以，我不擅

长捕捉虫子。"长瓶子叹了口气。

"要不你也学我，开家糖果店，吸引小动物来吃糖果，顺便收集它们的粪便做肥料。"糖果店老板提议道。

"不行啊，我可没有你那两下子，我不会分泌糖分。"

"那可怎么办？肥料不足，你会营养不良的。"热心的糖果店老板替新邻居着急。

"不用为我担心，我已经有办法了。"长瓶子倒是一点儿也不着急，它似乎胸有成竹。

摩西坐在马桶上，听着它们的对话，一边吃糖果一边想：又长又细的长瓶子会有什么办法呢？不过，等它吃完糖果，就把这事儿给忘了。

第二天清晨，摩西正坐在马桶上吃早餐，忽然，一只毛茸茸的蝙蝠飞了过来。蝙蝠在长瓶子猪笼草上空盘旋了几圈，然后落到一个长瓶子上，一头钻了进去，再也没有出来。

"这只蝙蝠疯了吗？它钻到瓶子里找死呀！"摩西惊讶得忘了吃糖果。

　　傍晚的时候，摩西又来到糖果店，一边吃糖果一边抓痒。"林子里的吸血鬼虫子可真多！如果有个罩子把我罩起来就好了，这样我就不会被虫子咬了。"正想着，忽然，它看到长瓶子猪笼草的瓶子里探出一个毛茸茸的小脑袋。摩西吓了一跳，它揉揉眼睛，是一只蝙蝠！

　　摩西的脑海里立即浮现出，一只蝙蝠落在猪笼草的消化液中被淹死，然后化成幽灵飞出瓶子的情形。它想，早上落到瓶子里的蝙蝠肯定已经化成水了，这个小脑袋估计是它的幽灵。

　　"可怜的蝙蝠。"摩西低下头，为蝙蝠祈祷。

　　接下来，一连几天，每天清晨摩西都会看到一只蝙蝠飞来，钻进长瓶子里；到了傍晚，又会有一个蝙蝠幽灵从里面飞出来。

　　"天哪，原来这株猪笼草不吃昆虫，吃蝙蝠！不知道它是用什么办法把蝙蝠吸引到瓶子里的。我可不能再眼睁睁地看着自己的动物朋友被它吃掉。"善良的摩西琢磨起来。

　　这天清晨，摩西又坐在马桶上，一边吃糖果一边盯着长瓶子猪笼草。当又一只小蝙蝠飞到瓶子上时，摩西把它叫住了："别进去！进去的话，今天傍晚你就会化成小幽灵！"

小蝙蝠愣了一下："小幽灵？"

"嗯，小幽灵，我亲眼看到的。我已经观察好几天了，每天早上都有一只蝙蝠钻到这株猪笼草的瓶子里，到了傍晚就化成小幽灵飞出来。这是一株专门吃蝙蝠的猪笼草！"

没想到，听完摩西的话，小蝙蝠咯咯咯地笑了起来。

"你笑什么？真的，是我亲眼看到的！"摩西急坏了。

"世界上怎么会有幽灵呢？这几天钻到瓶子里和从瓶子里出来的，都是我呀！"

"都是你？你是活的还是死的？"摩西惊恐地问。

"当然是活的！"

"你没被淹死？"

"怎么会被淹死呢？我只是在里面睡睡觉而已。它的瓶子又细又长，我躲在里面，离下面的消化液还有一段距离呢。雨林里吸血的虫子太多了，让我觉都睡不安生。不过，我现在住在瓶子旅馆里，安生多了。嘿嘿。我清晨回

来睡觉，到了傍晚再从里面飞出去上班。好几次我都看到你在专心地吃糖果，然后低下头不知道在祈祷啥，也就没和你打招呼。"蝠蝠开心地说，"现在，让我们来正式认识一下。嗨，你好！我是哈氏多毛蝠蝠小哈，住在长瓶子猪笼草旅馆里，很高兴认识你！以后，还请你多多关照！"

摩西这才明白，闹了半天，长瓶子猪笼草并没有吃蝠蝠，只是开起了蝠蝠旅馆啊。

"可是，长瓶子猪笼草为什么要开家蝠蝠旅馆呢？这对它有什么好处呢？它是不是要你捉一些虫子作为房租？"摩西是一只好奇的小树鼩，凡事一定要弄个明白。

"房租倒是没有。长瓶子说了，只要我把便便拉在它的长瓶子里就行了。"

"对对，我们的便便对它们猪笼草来说是极好的肥料。"这下摩西彻底明白了。

不过，摩西还有件十分好奇的事，它问小哈："听说你们睡觉是头朝下的，那你们拉便便是倒着拉呢，还是把身子正过来再拉？如果倒着拉，那多容易弄脏自己的身子啊！"

"小树鼩你可真逗。我们要拉便便的时候，自然是先把身体正过来啊！哈哈——"小哈打了一个哈欠，"忙了一晚上，好困啊！我得回旅馆好好睡一觉了。傍晚再见！"说完，蝙蝠小哈就消失在长瓶子旅馆里了。

　　"哈哈，真够另类的。上次猪笼草开糖果店，这次猪笼草为蝙蝠开旅馆。"小豆丁忍不住笑出声来。

　　"它们这样做都是为了生存呀！下面我再给你讲个开旅馆的故事，只是，这次开旅馆的不是植物，而是动物。而且，这个旅馆很热闹。"

知识板块

猪笼草和蝙蝠

　　生活在加里曼丹岛上的一种长瓶子猪笼草与哈氏多毛蝙蝠结为搭档，互利共生。这种长瓶子猪笼草学名叫赫姆斯利猪笼草，它的消化液量少、黏度低，它产生的蜜液和气味也较少，很难把昆虫吸引到它的瓶子里。但这样的瓶子正好合哈氏多毛蝙蝠的心意。它们一拍即合，赫姆斯利猪笼草让哈氏多毛蝙蝠住在它的瓶子里，以躲避讨厌的吸血虫子；蝙蝠则把自己的粪便拉在瓶子中，为猪笼草提供养分。这和小树鼩与劳氏猪笼草的关系，有异曲同工之妙。

热闹的房客

　　三趾树懒阿三开了家移动旅馆，数不清的小房客住在它的毛发里。这些小房客实在是太小了，树懒毛发间的空隙足够做它们的寝室、活动室、餐厅还有厕所。

　　绿藻和树懒蛾是树懒旅馆的长住客人，它们平时相处得很融洽，没事儿的时候聚在一起讨论一些杂七杂八的事儿。最近，它们讨论最多的一个话题就是：为什么树懒每隔八九天就要爬到树下去拉便便？

　　谁都知道，树懒行动缓慢，对它们来说，地面是个极其危险的地方。所以，树懒们都尽量待在树上，树懒妈妈即使在生小树懒的时候也不下地,很多树懒死后仍然倒挂在树上。既然这样,那树懒为什么还要费九牛二虎之力,冒着生命危险爬到树下去拉便便呢?

大家都忘了是谁提起的这个话题,反正这个话题一提出来,绿藻和树懒蛾们就展开了热烈的讨论。

这个说:"它爬下树去是为了与其他树懒约会。"

那个说:"它是为了给自己钟爱的树施肥。"

还有的说:"也许它是为了讲卫生,怕空投便便会把周围弄得脏兮兮的。"

但是这些说法没有一个能令大家完全信服。

这天,又到了树懒阿三爬到树下上厕所的日子,那些树懒蛾妈妈也顾不上讨论了,开心地相互招呼着:"快呀快呀,阿三要去树下拉便便了,管它为什么下树拉便便,我们快做好产卵的准备吧!"

当阿三爬到树下拉便便时,蛾妈妈们争先恐后地从阿三身上飞下来,飞到新鲜的便便上,挑一个合适的位置快快地产卵。它们产完卵,又争先恐后地飞回到阿三身上。

　　那些留在阿三便便中的蛾卵，会慢慢孵化成幼虫，并以便便中半消化的植物残渣为食，渐渐长大。等它们羽化成会飞的蛾子时，会趁着阿三再次到地面拉便便的机会，飞到阿三身上，找个空房间，安心地住下来，成为新的小房客。

　　这一次，同往常一样，当阿三慢悠悠地返回到树上时，它的身上又多了一批新房客。这时，一片绿藻灵光一闪，像发现新大陆似的喊道："我知道了！树懒之所以每隔几天就要爬到树下去拉便便，是为了让树懒蛾产卵！"

　　没想到此言一出，却引发了一场争吵。

　　"真是这样呢！树懒冒着生命危险下树，竟然是为了蛾子们

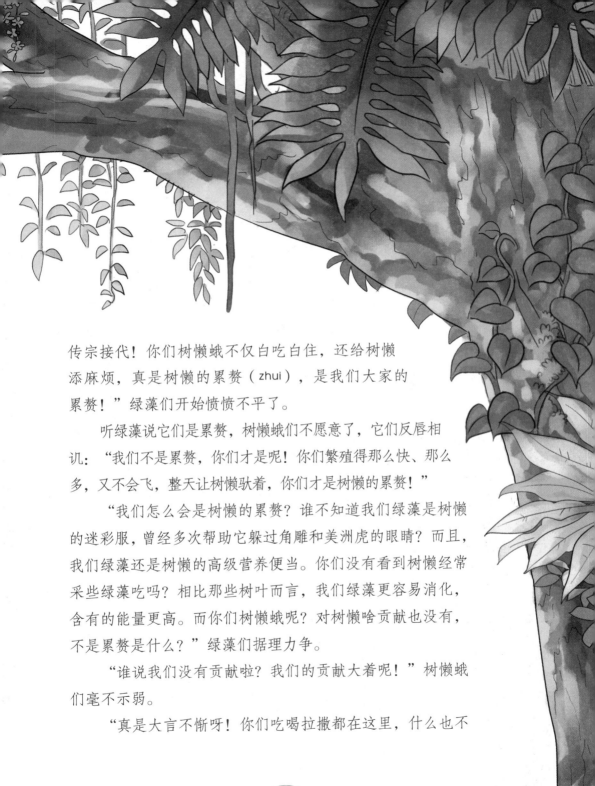

传宗接代！你们树懒蛾不仅白吃白住，还给树懒添麻烦，真是树懒的累赘（zhui），是我们大家的累赘！"绿藻们开始愤愤不平了。

听绿藻说它们是累赘，树懒蛾们不愿意了，它们反唇相讥："我们不是累赘，你们才是呢！你们繁殖得那么快、那么多，又不会飞，整天让树懒驮着，你们才是树懒的累赘！"

"我们怎么会是树懒的累赘？谁不知道我们绿藻是树懒的迷彩服，曾经多次帮助它躲过角雕和美洲虎的眼睛？而且，我们绿藻还是树懒的高级营养便当。你们没有看到树懒经常采些绿藻吃吗？相比那些树叶而言，我们绿藻更容易消化，含有的能量更高。而你们树懒蛾呢？对树懒啥贡献也没有，不是累赘是什么？"绿藻们据理力争。

"谁说我们没有贡献啦？我们的贡献大着呢！"树懒蛾们毫不示弱。

"真是大言不惭呀！你们吃喝拉撒都在这里，什么也不干，还说有贡献！"绿藻们也急了。

"就因为吃喝拉撒都在这里，才有贡献呢！我问你们一个问题——你们的养分是从哪里来的？"

"是从树懒身上的分泌物中获得的呀！"

"光靠树懒身上的分泌物，你们能长得这么旺盛吗？"

"那你说我们为什么长得这么旺盛？"

"你们之所以长得如此旺盛，全是我们树懒蛾的功劳！"

"怎么会是你们的功劳？"

"别忘了，我们蛾子的便便含氮量很高，而且我们死后，尸体也会分解成上好的肥料。如果不是我们为你们施肥，你们能长得这么好吗？你们长得不好的话，树懒的迷彩服能这么逼真吗？更谈不上有什么高级营养便当了！所以，还是我们树懒蛾的贡献大！"

"明明是我们的贡献大！"

绿藻和树懒蛾你来我往，唇枪舌剑，互不相让。这时，树懒阿三说话了："你们别吵了，你们对我的贡献都很大。其实，我们三者就像是一个稳固的三角形——我为你们提供舒服的住房和活动乐园，绿藻为我提供迷彩服和营养便当，树懒蛾为绿藻提供养料，我们之间是互惠互利的。"

听阿三这么一说，两群小房客觉得很有道理，于是停止争吵，和好如初了。

"真是一群热闹的小搭档啊！"小豆丁说。

"是呀，真够热闹的。接下来，我再给你讲一个没见过面的搭档的故事。"

再懒也要下树上厕所

树懒行动迟缓，平时总是待在树上，只有排便时才会爬下树。是什么原因，让它们冒着被天敌攻击的危险下树上厕所呢？科学家研究认为，这是树懒与绿藻、树懒蛾之间的互利共生行为。

树懒厚厚的毛发里寄生着大量的生物，包括绿藻和树懒蛾。绿藻靠树懒身上排出的蒸汽、呼出的二氧化碳，滋生在树懒毛发的表面。它们不但为树懒提供保护色，还是树懒的食物。

关于树懒蛾，科学家研究推测，有的树懒的毛发里能携带120多种蛾子。树懒蛾食用树懒皮肤的分泌物，或者树懒身上的藻类。树懒蛾死后，尸体分解，变成含氮量极高的肥料，可促进树懒身上的藻类生长。科学家认为，树懒不辞辛苦，冒着被天敌攻击的危险从树上下到地面排便，是为了方便寄居在它毛发中的树懒蛾产卵。

没见过面的搭档

"咚！"刺豚鼠先生又听到巴西栗果掉落到地上的声音。这声音对刺豚鼠先生来说就像一首美妙动听的音乐，只要一听到这个声音，刺豚鼠先生就知道，那是巴西栗在叫它呢！

刺豚鼠每次跑到巴西栗树下，巴西栗都会对它说："猜一猜，这次我把好吃的果子藏在哪儿了？"刺豚鼠先生在周围找一找，准能找到巴西栗为它准备的美味——一枚又硬又圆、像椰子般大小的巴西栗果。

这次巴西栗叫刺豚鼠先生来，除了准备了一枚大大的巴西栗果，还有一个好消息："我在雨林世界'谁最高'的评选活动中，获得'雨林巨人'的称号啦！"

"嗯嗯，祝贺你！你成了大明星啦！"刚才刺豚鼠先生已经从广播里听说了这个消息。

"这里面也有你的一份功劳啊！你不仅是我的好朋友，还是我的一个好搭档。"

"我听说，你在获奖大会上感谢我了。"提起这件事，刺豚鼠先生还有点儿不好意思。

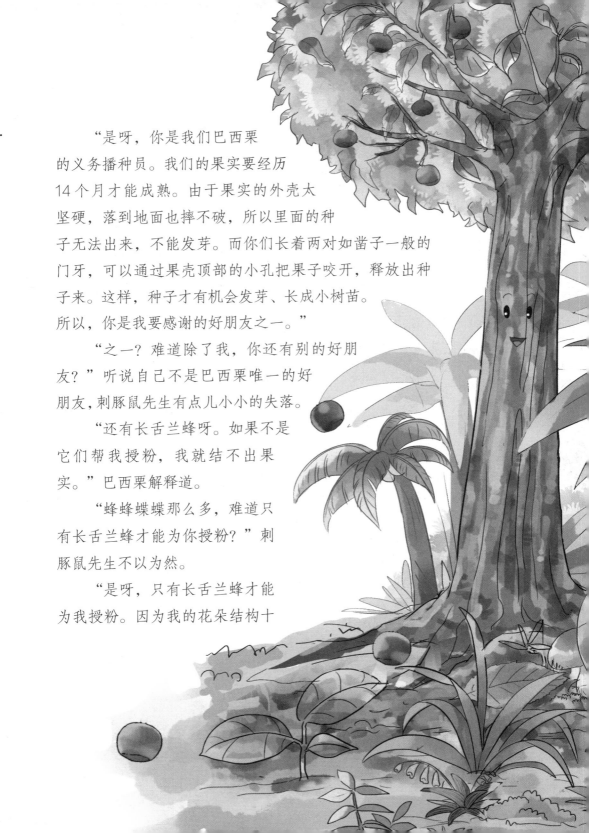

"是呀，你是我们巴西栗
的义务播种员。我们的果实要经历
14个月才能成熟。由于果实的外壳太
坚硬，落到地面也摔不破，所以里面的种
子无法出来，不能发芽。而你们长着两对如凿子一般的
门牙，可以通过果壳顶部的小孔把果子咬开，释放出种
子来。这样，种子才有机会发芽、长成小树苗。
所以，你是我要感谢的好朋友之一。"

"之一？难道除了我，你还有别的好朋
友？"听说自己不是巴西栗唯一的好
朋友，刺豚鼠先生有点儿小小的失落。

"还有长舌兰蜂呀。如果不是
它们帮我授粉，我就结不出果
实。"巴西栗解释道。

"蜂蜂蝶蝶那么多，难道只
有长舌兰蜂才能为你授粉？"刺
豚鼠先生不以为然。

"是呀，只有长舌兰蜂才能
为我授粉。因为我的花朵结构十

分独特，雌蕊藏在雄蕊组成的花罩下面。如果想帮我授粉，不但要有一条长长的能卷曲的舌头，还要有足够大的力气掀起罩在雌蕊上的花罩，把身子挤到花罩下面才行。能同时满足这两个条件的昆虫只有长舌兰蜂。在它把身子挤到花罩下面吸食花蜜的时候，身上会沾满雄蕊的花粉。这样，当它吃完一朵花的花蜜再去吃另一朵花的花蜜时，便把花粉带到了另一朵花的雌蕊上，帮我完成了授粉任务。授了粉之后，我才能结出果实呀。"

"好吧，长舌兰蜂也算是你的一个好搭档，你是应该感谢它。"刺豚鼠先生点点头。

"其实，除了你们，我还应该感谢一个搭档。"

"还要感谢一个搭档？它是谁？"

"它是一种稀有的兰花。虽然我们从没见过面，但它对我来说也非常重要，它帮了我大忙。"巴西栗认真地说。

"兰花？你们都没有见过面，它能帮你做什么？你为什么还要感谢它？"刺豚鼠先生十分纳闷儿。

"这个嘛，现在先不告诉你。"巴西栗故意卖起了关子，"不过，如果你能找到它，就知道答案了。"

"刺豚鼠先生，跟我来，我知

道巴西栗说的兰花在哪儿。"一只刚采完
蜜的长舌兰蜂朝刺豚鼠先生喊道。

于是，刺豚鼠先生跟着这只长舌兰蜂向雨林深处
跑去。它一边跑一边想：巴西栗为什么说没有见过面
的兰花是它的搭档？巴西栗和那种兰花之间有什么秘
密呢？

刺豚鼠先生跑在铺满枯树叶的地面上，跑过海里康，
跑过大板根，跑过白蚁家，跑了好长一段
路才停了下来。

"看，就是那种兰花。"长舌兰蜂说。

刺豚鼠看到，在一棵大树的树杈上，挂着一
株美丽的兰花，几只长舌兰蜂帅
哥正围在兰花四周，不停地
飞舞着。

"那些长舌兰蜂帅
哥围着那株兰花做
什么呀？"刺豚鼠
先生十分惊讶。

"它们正在采集兰花香水呢！这是一种稀有的胃兰属兰花，与吊桶兰是亲戚，能散发特殊的香味。雌性长舌兰蜂就喜欢这种香味。只有身上拥有这种香味的雄蜂，才能吸引雌蜂与其成亲。"带刺豚鼠来的那只长舌兰蜂解释道。

现在，刺豚鼠先生完全明白了。它兴奋地跑回到巴西栗脚下："我知道你为什么要感谢那种兰花了！"

"为什么？"巴西栗故意问。

"因为如果没有那种兰

花，长舌兰蜂就无法传宗接代；没有长舌兰蜂，你就没有红娘授粉；没有红娘授粉，你就无法结果子，无法传宗接代。"

"没错没错，正是这样。"巴西栗笑着说。

"照这么说的话，还有一位朋友你更要感谢。"刺豚鼠先生说。

"谁？"

"雨林啊！如果没有雨林，不就没有这种兰花了嘛！"刺豚鼠先生认真地说。

"对对对，你说得太对了！是雨林这片神奇的土地养育了我，养育了兰花，养育了长舌兰蜂，养育了你们刺豚鼠。离开雨林，我们将无法正常生活。"

"没有见过面的兰花竟然会影响到巴西栗的传宗接代，真是太奇妙了！"小豆丁说。

"雨林本来就是一个神奇的整体，生活在其中的每一种生物都与其他成员有着或多或少的联系。如果其中一个成员受到伤害，其他成员也将会受到影响，有时候影响会很大。下面我就给你讲一个这方面的故事。"说完，故事书又往后翻去。

离不开雨林的巴西栗

近年来，由于越来越多的人开始食用并喜欢上了巴西栗的果仁——鲍鱼果，以至于鲍鱼果供不应求。于是，有人想利用人工栽培巴西栗树的方法，来扩大鲍鱼果的产量。然而他们发现，巴西栗一旦离开雨林，即使长成参天大树也无法结果。

这是因为，雨林之外缺少一种兰花，这种兰花会间接影响巴西栗的授粉及结果。这是一种胄兰，会分泌一种有特别香味的物质，吸引一种雄性长舌兰蜂去采集。对于一只雄性长舌兰蜂来说，采集这种香料事关重大，因为它要靠这种香料的味道，与其他雄蜂竞争和雌蜂交配的机会。它们用腿在花瓣上摩擦，收集香料，这一行为同时也为兰花传播了花粉。这种长舌兰蜂舌头长、力气大，可以钻到包裹严实的巴西栗花朵中采食花蜜，从而帮巴西栗授粉。

可以说，没有这种胄兰，这种长舌兰蜂就不会交配，数量就会减少甚至彻底消失；缺少这种长舌兰蜂，巴西栗的花将无法授粉、结果。

大头树和胖胖鸟

　　毛里求斯岛上的大头树卢卢 300 多岁了，它越来越想念它的好朋友胖胖了。

　　"胖胖是谁？"一只小麻雀问。

　　"胖胖是我的好朋友，它是一只渡渡鸟。"

　　"渡渡鸟？它长什么样？"生于这个年代的小鸟，根本就不知道这个岛上曾经有过渡渡鸟。

　　"它有 1 米多高，肚子很大，还有一张大嘴巴。它长得有点儿像胖胖的巨型鸭子。"

　　"你们为什么是好朋友？"

　　"因为它算是我的半个妈妈，可以说我是它'生'的。"

　　"什么是半个妈妈？真搞笑！你是树，怎么会是鸟生的呢？"小麻雀以为卢卢老糊涂了，拍拍翅膀飞走了。

　　卢卢怎么会老糊涂了呢，它清清楚楚地记得自己第一次见到胖胖的情形。

　　那是 300 多年前的一天。那时候，卢卢还是一棵小树苗，岛上长满了大头树，渡渡鸟们悠闲地生活在树林里。岛上的大头树和渡渡鸟家族都很兴旺。

　　有一天，卢卢身旁一棵高大的大头树结的果子成熟了，落到了地上。从丛林深处跑过来一只胖胖的渡渡鸟——没错，它是跑过来的，而不是飞过来的，因为它的翅膀又小又短，不会飞。

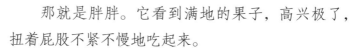

那就是胖胖。它看到满地的果子，高兴极了，扭着屁股不紧不慢地吃起来。

"喂，你不能吃它的果子！"卢卢朝胖胖喊道。

"为什么不能吃？"胖胖反问。

"果子里有种子，种子是它的孩子，你吃了它的种子，它就没有后代了！"卢卢极为认真地说。

"哈哈哈，小家伙，你还挺有正义感的，不愧是我的'孩子'！"没想到胖胖却笑了起来。

听胖胖这么一说，卢卢不乐意了。

"谁是你的孩子？我是大头树，和你这只胖胖鸟有什么关系？"

"小家伙，听我跟你说啊。在你还是一粒外壳又厚又硬的种子的时候，是我把你吃到肚子里，等你从我的肚子里走了一圈，再回到土里时，你的外壳就变薄了许多，因此你才能冲破外壳发芽，长成小树苗。你说，你算不算是我生的？哈哈哈哈！"

卢卢对胖胖的话半信半疑。这时，旁边的一棵年长的大头树对卢卢说："它说的是真的，它是我们大头树家族的园丁。我们大头树的种子外壳又厚又硬，如果没有渡渡鸟帮我们把种子外皮'磨'薄，我们的种子永远也发不了芽，也就长不成小树苗了。"

俗话说"不打不相识"，从那之后，卢卢和胖胖便成了一对顶顶要好的朋友。而且，它们约定好，等卢卢长大了，胖胖也会来帮它"打磨"种子，让它拥有好多好多的孩子。

那时候的日子过得无忧无虑。每天清晨，胖胖都要先来和卢卢说早安，然后再去帮别的大头树"打磨"种子。等忙完了，就回来和卢卢聊它遇到的好玩的事。

有时候，卢卢也会和胖胖开玩笑："你太胖了，都飞不起来了，需要减肥啦！"

"我才不减肥呢！飞对我们来说没有意义。这个岛上又没有我们的天敌，我们不需要飞，不需要逃，只要吃就行了。"

胖胖说得没错。那时，岛上没有伤害它们的哺乳动物，它们用不着飞。它们的巢都筑在树林里的地面上。

后来，胖胖成亲了，找了一个和它一样胖的渡渡鸟妹妹。再后来，胖胖来告诉卢卢，自己当爸爸了，小宝宝们马上就要出壳了。

卢卢打心眼儿里替胖胖高兴。

但是，再后来，岛上开始变得不那么安宁了。从海上来了一些人，他们带来了一些原先岛上不曾有的动物——狗、猪、猴子，还有偷渡来的老鼠。

岛上越来越多的渡渡鸟失踪了，听说是被那些人捉走了。后来，猴子和老鼠也加入了捕杀渡渡鸟的行列……

胖胖是最后一个离开该岛的渡渡鸟。卢卢永远忘不了那一天，胖胖来和自己告别。

　　"亲爱的卢卢，我的太太和孩子都被那些坏蛋杀害了，我的家也被糟蹋得不成样子，我不得不离开这里了。"

　　"你还会回来吗？"卢卢伤心地问。

　　"不知道。"这是胖胖和卢卢说过的最后一句话。

　　从那之后，卢卢就再也没有见过胖胖。

　　几年过去了，卢卢长成了一棵大树，它开花结果了，但胖胖没有出现，其他渡渡鸟也没有出现。

　　100年过去了，200年过去了，300年过去了，卢卢变成了一棵老树。可是胖胖和其他渡渡鸟依然没有出现。

　　卢卢身边的同伴越来越少。以前胖胖它们还在的时候，每年都会有无数的种子发芽，长成小树苗。但自从胖胖它们消失后，再也没有一粒种子发芽。而且，那些从海上来的人还不断地举着斧子把它的同伴砍倒、拉走。

　　如今，整个岛上只剩下10多棵与自己同龄的大头树了。

　　卢卢依然抱着幻想，它询问每一个从它身边经过的朋友："你见过我的朋友胖胖吗？"

但大家都对它摇摇头。

后来，一只学会了人话的鹦鹉，给卢卢带来了一个关于渡渡鸟的消息，这个消息是它从主人家的电视上看到的——渡渡鸟家族灭绝了。

卢卢不懂什么叫灭绝，它还问："那胖胖它们什么时候能再回来呢？"

"真是傻大头，亏你还长了个大脑袋！灭绝就是永远地消失了，一只也没有了，永远也回不来了！"

鹦鹉的话让卢卢愣了半天。之后，它就沉默了。

卢卢现在仍然每年都会开花结果，但它再也不关心那些果子的下落，任凭它们掉落。因为它知道，没有了渡渡鸟，无论自己结多少种子，都不会发芽。

渡渡鸟和大头树

渡渡鸟生活在印度洋上的毛里求斯岛，也叫愚鸠。在15世纪以前，岛上的渡渡鸟数量还是很多的。但自从欧洲殖民者相继在那里定居之后，不仅他们带来的猪、狗、猴、鼠等动物开始捕食渡渡鸟的卵和雏鸟，而且他们也开始对大片森林进行砍伐，对肉质细嫩鲜美的渡渡鸟进行大肆猎杀，终于导致渡渡鸟于1690年前后灭绝。

大头树名叫大颅榄树，是毛里求斯岛上的特有树种。在渡渡鸟灭绝之后，人们发现大头树的种子不再发芽，大头树面临灭绝的危险。到20世纪80年代的时候，岛上的大头树只剩下13棵。198一年，美国动物学家在调查大头树不再发芽的原因时，突然想到了渡渡鸟，他猜想：大头树的不育也许与渡渡鸟的灭绝有关。后来，这个大胆的猜想得到证实：大头树的种子外壳很厚很坚硬，只有经过渡渡鸟肠胃的消化，被"打磨"薄了以后，嫩芽才能破壳而出。

现在，动物学家们尝试用火鸡代替渡渡鸟，去吃大颅榄树的种子。这一尝试已经取得了成功，大头树家族将会慢慢兴旺起来。

故事书的秘密

　　"这真是一个令人伤感的故事。"听到这里，小豆丁眼里噙满了泪水。

　　"这个故事的确很伤感，但这是事实。人类为了自身的利益，拼命开发热带雨林。现在，全球每分钟约有35个足球场那么大的热带雨林消失，如果按照这样的速度继续下去，到2050年，地球上将不会再有热带雨林了。"

　　"啊？这可怎么办？我能为保护雨林做些什么？"小豆丁既惊讶又着急。

　　"你可以把我讲给你的故事讲给朋友们听，我要求你做的事，你也要求朋友们去做，让越来越多的人了解热带雨林，热爱热带雨林，为保护热带雨林做些自己力所能及的事。"

　　"你怎么知道这么多雨林故事？"这是一直藏在小豆丁心里的疑问。

　　"因为，我之前就是生长在热带雨林中的一棵树啊！但是，有一天，我生活的那片雨林闯入了一些人，他们把那里变成了伐木场。我和我的同伴被砍倒并运到城里。说起来，我还算比较幸运的，变成了书

本。我的同伴有的被制成了纸巾，有的被制成了一次性筷子，有的被制成了牙签，用完都被当垃圾丢掉了。"故事书的声音里充满了伤感与无奈。

"昨天给你讲故事的时候，我忽然想起了自己被砍伐时的情形，想起了我的同伴。唉，今天给你讲完故事，我的任务也算完成了，我也得走了。"说到这里，故事书像鸟儿一样飞了起来，它在小豆丁的头顶上空盘旋了一圈后，向窗外飞去。

小豆丁追到窗口，探出身子大声地喊："故事书，你去哪儿？故事书，你别走……"

"小豆丁，你醒醒。你怎么在这里睡着了？你在喊什么？是不是做梦了？"

小豆丁睁开眼睛，发现自己趴在书桌上，妈妈正轻轻地抚摸着自己的头。而那本故事书正安安静静地躺在桌子上，和普通的立体书没什么两样。

原来，自己刚才睡着了，做了一个长长的梦。在梦里，故事书给自己讲了那么多雨林的故事。

小豆丁轻轻合上书，把它放回到书架上，回卧室睡觉去了。

从那以后，小豆丁在学校里，每到课间，就给同学们讲热带雨林的故事……